周期表

10	11	12	13	14	15	16	17	18
								2He ヘリウム 4.003 $1s^2$
			5B ホウ素 10.81 $[He]2s^22p^1$	6C 炭素 12.01 $[He]2s^22p^2$	7N 窒素 14.01 $[He]2s^22p^3$	8O 酸素 16.00 $[He]2s^22p^4$	9F フッ素 19.00 $[He]2s^22p^5$	10Ne ネオン 20.18 $[He]2s^22p^6$
			13Al アルミニウム 26.98 $[Ne]3s^23p^1$	14Si ケイ素 28.09 $[Ne]3s^23p^2$	15P リン 30.97 $[Ne]3s^23p^3$	16S 硫黄 32.07 $[Ne]3s^23p^4$	17Cl 塩素 35.45 $[Ne]3s^23p^5$	18Ar アルゴン 39.95 $[Ne]3s^23p^6$
28Ni ニッケル 58.69 $[Ar]3d^84s^2$	29Cu 銅 63.55 $[Ar]3d^{10}4s^1$	30Zn 亜鉛 65.38 $[Ar]3d^{10}4s^2$	31Ga ガリウム 69.72 $[Ar]3d^{10}4s^24p^1$	32Ge ゲルマニウム 72.63 $[Ar]3d^{10}4s^24p^2$	33As ヒ素 74.92 $[Ar]3d^{10}4s^24p^3$	34Se セレン 78.97 $[Ar]3d^{10}4s^24p^4$	35Br 臭素 79.90 $[Ar]3d^{10}4s^24p^5$	36Kr クリプトン 83.80 $[Ar]3d^{10}4s^24p^6$
46Pd パラジウム 106.4 $[Kr]4d^{10}$	47Ag 銀 107.9 $[Kr]4d^{10}5s^1$	48Cd カドミウム 112.4 $[Kr]4d^{10}5s^2$	49In インジウム 114.8 $[Kr]4d^{10}5s^25p^1$	50Sn スズ 118.7 $[Kr]4d^{10}5s^25p^2$	51Sb アンチモン 121.8 $[Kr]4d^{10}5s^25p^3$	52Te テルル 127.6 $[Kr]4d^{10}5s^25p^4$	53I ヨウ素 126.9 $[Kr]4d^{10}5s^25p^5$	54Xe キセノン 131.3 $[Kr]4d^{10}5s^25p^6$
78Pt 白金 195.1 $[Xe]4f^{14}5d^96s^1$	79Au 金 197.0 $[Xe]4f^{14}5d^{10}6s^1$	80Hg 水銀 200.6 $[Xe]4f^{14}5d^{10}6s^2$	81Tl タリウム 204.4 $[Xe]4f^{14}5d^{10}6s^26p^1$	82Pb 鉛 207.2 $[Xe]4f^{14}5d^{10}6s^26p^2$	83Bi ビスマス 209.0 $[Xe]4f^{14}5d^{10}6s^26p^3$	84Po ポロニウム [210] $[Xe]4f^{14}5d^{10}6s^26p^4$	85At アスタチン [210] $[Xe]4f^{14}5d^{10}6s^26p^5$	86Rn ラドン [222] $[Xe]4f^{14}5d^{10}6s^26p^6$
110Ds ダームスタチウム [281] $[Rn]5f^{14}6d^97s^1$	111Rg レントゲニウム [280] $[Rn]5f^{14}6d^{10}7s^1$	112Cn コペルニシウム [285] $[Rn]5f^{14}6d^{10}7s^2$	113Nh ニホニウム [278] $[Rn]5f^{14}6d^{10}7s^27p^1$	114Fl フレロビウム [289] $[Rn]5f^{14}6d^{10}7s^27p^2$	115Mc モスコビウム [289] $[Rn]5f^{14}6d^{10}7s^27p^3$	116Lv リバモリウム [293] $[Rn]5f^{14}6d^{10}7s^27p^4$	117Ts テネシン [293] $[Rn]5f^{14}6d^{10}7s^27p^5$	118Og オガネソン [294] $[Rn]5f^{14}6d^{10}7s^27p^6$

64Gd ガドリニウム 157.3 $[Xe]4f^75d^16s^2$	65Tb テルビウム 158.9 $[Xe]4f^96s^2$	66Dy ジスプロシウム 162.5 $[Xe]4f^{10}6s^2$	67Ho ホルミウム 164.9 $[Xe]4f^{11}6s^2$	68Er エルビウム 167.3 $[Xe]4f^{12}6s^2$	69Tm ツリウム 168.9 $[Xe]4f^{13}6s^2$	70Yb イッテルビウム 173.0 $[Xe]4f^{14}6s^2$	71Lu ルテチウム 175.0 $[Xe]4f^{14}5d^16s^2$
96Cm キュリウム [247] $[Rn]5f^76d^17s^2$	97Bk バークリウム [247] $[Rn]5f^97s^2$	98Cf カリホルニウム [252] $[Rn]5f^{10}7s^2$	99Es アインスタイニウム [252] $[Rn]5f^{11}7s^2$	100Fm フェルミウム [257] $[Rn]5f^{12}7s^2$	101Md メンデレビウム [258] $[Rn]5f^{13}7s^2$	102No ノーベリウム [259] $[Rn]5f^{14}7s^2$	103Lr ローレンシウム [262] $[Rn]5f^{14}6d^17s^2$

104番元素以降の諸元素の化学的性質は明らかになっているとはいえない.

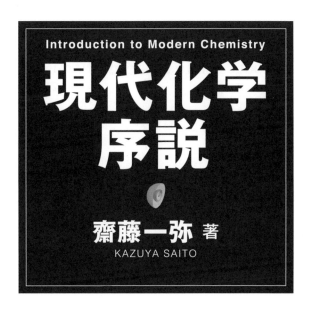

裳華房

Introduction to Modern Chemistry

by

Kazuya SAITO

SHOKABO

TOKYO

JCOPY 〈出版者著作権管理機構 委託出版物〉

まえがき

　本書は現代的な化学の「立ち位置」と「考え方」を高等学校卒業程度の知識を前提として説明しています．化学はもともと博物学的（＝記載的）な側面を持っていますが，20世紀初頭の統計力学の確立および量子力学の発見という物理学の発展に支えられ，それ以降は，原子・分子という実体に基づいた精密な学問として発展を続けています．本書では，現代化学を学ぶ上で避けることのできない物理学的な事項の紹介も行い，高等学校で学んだ様々な事柄に，しかるべき理屈があることを理解してもらおうと考えました．

　私は，本書の元となるテキストを，専門的に化学を学ぼうとする大学1年生向け講義のために執筆しました．私はこの「基礎化学」という講義の目標を，高校までの復習や，少しばかり知識を付け加えることでなく，現代化学のイメージと基本的物質観を提供することに据えました．以降の学習の動機づけとして必須と考えたからです．実は，私の中には，下敷となるイメージがありました．それは，私自身が大学入学の年に唯一受講した化学科の教員の講義「化学序説」です．後に私が師匠として選ぶことになる千原秀昭先生が担当でした．それまで思っていた化学との違いの大きさに衝撃を受けたものでした．ある意味，本書はこのときの衝撃を，現代的な内容も入れながら再構成したものとも言えます．どのように評価して頂けるでしょうか．

　全体として「読み物」として読めるようにも努力しましたが，自習に使えるように数式もたくさん入れてあります．「解く」形の練習問題については裳華房のウェブ上に解答を掲載します．「議論」などを主題とした練習問題では友人と討論するのが有益でしょう．一方で，高等学校程度の知識を前提にしているので，科学クラブなどにおいて顧問の先生とともに読みこなすことも可能と思います．そういう「生意気な高校生読者」（と顧問の先生）がたくさん生まれることを密かに期待しています．

　最後になりましたが，本書の出版にあたっては裳華房の内山亮子さん，亀井祐樹さんに大変お世話になりました．亀井さんには，10年近く前に（当時，別の出版社に在職されていました），ウェブ上で公開していた元となるテキストについて初歩的な間違いをたくさん指摘して頂きました．内山さんには，出版に向けて本格的にお世話になり，文章，デザインに留まらず，内容についても貴重な指摘をいただきました．御両名の力添え無しには本書がこうして出版されることはありませんでした．心より感謝申し上げます．

2019年10月

齋藤 一弥

目　　次

1章　化学という学問

1.1 自然科学の性質·······················1	物質観の深化·······················8
自然科学·······························1	直接的貢献·························9
化学史から·························2	**1.4 現代化学の特徴と研究体制**·······9
自然科学の性格·····················3	20世紀以降の化学···············9
現代社会と自然科学···············4	化学の対象·························10
1.2 自然の階層性と自然科学·········5	化学者の組織·····················11
自然の階層性·······················5	化学情報·····························12
基礎科学の役割分担···············7	練習問題·······························13
1.3 化学の目的·························8	参考書·································13

2章　物　理　量

2.1 物理量と単位·····················15	SI接頭辞·······························21
物理量·································15	**2.3 測定値**···························22
表記法·································16	誤差·····································22
2.2 国際単位系·······················18	精度と確度·························23
国際単位系（SI）···················18	誤差と有効数字···················24
基本単位·····························18	練習問題·······························25
組立単位·····························21	参考書·································25

3章　物質の歴史

3.1 元素合成···························27	連鎖反応·····························34
宇宙の始まり·······················27	放射能による放射性物質の定量
原子核の結合エネルギー·········28	···35
恒星における元素合成···········29	**3.3 物質進化**···························35
重元素の合成·······················30	宇宙空間における物質進化·······35
元素存在度·························30	生命と地球·························36
3.2 原子核の壊変と放射線·········32	放射線と物質·····················36
不安定核の壊変···················32	練習問題·······························37
半減期·································33	参考書·································37

4章　量子力学へ

4.1　量子力学以前の自然理解……39
　　概観……39
　　物体の運動……41
　　波の性質……42
　　電磁気現象……43
　　原子・分子からなる自然……44
4.2　量子化の発見……44
　　水素原子のスペクトル……44
　　空洞輻射……45
　　光電効果……46
　　コンプトン散乱……47

　　固体の熱容量……49
4.3　原子の構造……50
　　ラザフォードの実験……50
　　古典的な水素原子の模型……51
　　ボーア模型……52
4.4　物質波……54
　　物質波……54
　　波動を表す……55
　　物質波の波動方程式……57
　練習問題……58
　参考書……58

5章　水素原子

5.1　方向に依存しない解……59
　　水素原子の波動方程式……59
　　方向に依存しない波動方程式……60
　　球対称な解……61
　　波動関数の意味……62
5.2　量子数……64
　　球対称でない解……64

　　量子数……66
5.3　原子の大きさ……68
　　ファン・デル・ワールス半径……68
　　イオン半径……69
　　共有結合半径……69
　練習問題……70
　参考書……70

6章　多電子原子と周期表

6.1　多電子原子のエネルギー準位……72
　　ヘリウム原子の波動方程式……72
　　平均場近似……73
　　多電子原子のエネルギー準位……73
6.2　多電子原子の電子配置……75
　　電子配置の構成原理……75
　　原子の電子配置……76

　　いくつかの用語について……77
6.3　原子の電子配置と周期表……78
　　周期表……78
　　イオン化エネルギー……79
　　電子親和力……79
　練習問題……80
　参考書……81

7章　化学結合

7.1　箱の中の粒子：原子のモデル……83
　　水素分子の波動方程式……83
　　箱の中の粒子……84
　　一次元の箱……85
　　零点エネルギー……86
　　箱の中の粒子の波動関数と
　　　エネルギー……87

7.2　化学結合……87
　　「原子＝箱」モデルにおける
　　　化学結合……87
　　結合性軌道と反結合性軌道……90
　　結合次数……91
7.3　多原子分子における化学結合……91
　　水分子の波動関数……91

目次　vii

エチレンの波動関数·············· 92

7.4 「局在した化学結合」の実験的根拠···· 94

　局在「結合」と量子力学的記述の
　「矛盾」················· 94

　共有結合半径·············· 94

　燃焼熱·················· 94

双極子モーメント·············· 95

7.5 化学結合の極性と電気陰性度········ 96

　化学結合の極性············· 96

練習問題··················· 97

参考書···················· 97

8章　集合体としての気体

8.1 理想気体の状態方程式··········· 99

　気体の圧力··············· 99

　温度と平均運動エネルギー······ 101

　乱雑さとエントロピー·········· 102

　エネルギー等分配の法則········ 103

8.2 ボルツマン分布·············· 103

　状態分布とその普遍性·········· 103

　エネルギーを変数とする分布関数
　··················· 105

　定数 β と温度·············· 107

8.3 気体中の分子の速さ··········· 108

　マクスウェル-ボルツマンの
　速度分布··············· 108

気体中の分子の速さ············ 109

　分子の衝突と平均自由行程······ 110

8.4 温度と化学反応·············· 112

　化学反応················ 112

　反応速度とアレニウス・プロット
　··················· 112

　反応速度と化学平衡·········· 114

　二分子反応··············· 114

　詳細釣り合いの原理と平衡状態
　··················· 115

練習問題··················· 115

参考書··················· 116

9章　非分子論的物質の理解

9.1 熱力学の基礎·············· 117

　巨視的系の記述············· 117

　平衡状態················ 118

　熱力学の基本法則·········· 119

　熱力学第一法則とエンタルピー
　··················· 119

　熱力学第二法則とエントロピー
　··················· 121

　ギブズエネルギー··········· 121

9.2 化学ポテンシャル············ 122

化学ポテンシャル············· 122

9.3 混合物と化学平衡············ 124

　理想混合気体·············· 124

　理想溶液················ 125

　化学平衡················ 126

9.4 原子論的記述との関係·········· 127

　ボルツマンの原理··········· 127

練習問題··················· 128

参考書··················· 128

10章　物質の三態

10.1 気体と液体·············· 130

　分子間相互作用············· 130

　ファン・デル・ワールスの
　状態方程式·············· 132

　臨界点················· 133

対応状態の原理·············· 134

10.2 液体の構造と結晶化·········· 135

　液体の構造··············· 135

　結晶の構造··············· 137

　結晶化の原動力············· 137

準結晶と新しい「結晶」像·······138

10.3 物質の三態と相図·················139

相と相転移·····················139

物質の融解過程·················139

純物質の相図··················141

相図と相挙動···················142

多形と準安定相·················143

様々な凝集状態·················144

練習問題·····················146

参考書·······················146

付録 A　質点系の力学

準備·····························149

運動の法則と運動量···············149

仕事とエネルギー·················150

ポテンシャル····················150

角運動量·······················151

作用・反作用の法則···············151

二体系の運動方程式···············152

等速円運動·····················153

付録 B　偏 微 分

微分·····························154

関数の級数展開··················155

偏微分·························156

付録 C　極 座 標

座標系···························157

極座標·························157

空間積分······················158

ラプラシアン···················158

付録 D　ガウス積分など

指数関数と x のべき（巾）·········159

ガウス積分······················159

関連する定積分·················160

索　引······162

Column・コラム

1. 分子の性質とグラフの特性多項式
　　·····························13

2. 籠状分子の構造とオイラーの
　　多面体定理··················26

3. 紐状高分子と結び目··········38

4. 相分離界面と極小曲面··········71

5. 細胞膜の変形と相分離・相転移······82

6. 地球環境と水··················98

7. BZ 反応····················128

8. 温室効果····················147

本文デザイン ── designfolio／佐々木由美

1章 化学という学問

●この章のねらい●

・自然科学の目的を説明できる
・化学の特徴を説明できる
・自然の階層性について説明できる
・現代科学の性格について考える

　この章では化学という学問の性格について概観する．もとより「化学とは何か」を定義するのは困難であるし，定義すべき必然性もない．これからの学習を通じて各人がそれぞれに化学のイメージをもつべきである．しかし，学習の姿勢を規定する側面があるので，あえてこのような章を設けることにした．

1.1　自然科学の性質

■自然科学

　自然科学は一言でいえば，人類が自然を理解し利用しようとするための営みの総体，である．自然科学の目的は「自然の理解とそれに基づく利用」であるといってもよい．このように考えると，自然科学はもとより自然の存在を承認していることがわかる．哲学においては，「意識とは独立に物質の存在を認める」立場を**唯物論**という．したがって，自然科学の基本的な哲学的立場は（素朴）唯物論であるといえる．一方で，哲学として唯物論に対立する考え方は**観念論**であって，ここでは意識が一義的であり，意識の存在ゆえに物質が想定されるとする．この問題については深入りしないが，哲学の基本や「科学とは何か」といった科学哲学の問いは，自然科学を真剣に学ぼうとするなら若い時期に一度は考えてみるべき課題である．

　自然科学のうち「理解」に重点を置いた科学の営みが，いわゆる**基礎**

科学あるいは**純粋科学**である．**理学**と呼ばれることもある．高校の授業科目名や総合大学の理学部の学科名にある数学，物理学，化学，生物学が含まれると解することが多い．諸君がこれから学ぼうとしている基礎科学としての化学はこの範疇に含まれる．一方，「利用」に重点を置いた科学の営みは**応用科学**あるいは**実用科学**であり，技術という言葉との重なりも大きい．**工学，農学，医学，薬学**などが，一般的には応用科学としての色彩を色濃くもっている．ただし，個々の研究がどのような性格をもつかは一概にはいえないことを強調しておく必要がある．

■化学史から

自然科学の性格を考える上で，その発展の歴史を振り返ることは有益である．表1.1は20世紀半ばまでの化学史の年表の抜き書きである．人類にとって最初の化学技術との出会いは「火の使用」であったと考えられる．焼き物（今でいうセラミックス）と金属の利用がそれに続く．知的探求としての「化学」の萌芽は紀元前1世紀頃の単体（元素）仮説に見出すことができる．エンペドクレスの仮説は，物質の種々の性質を「冷たい，熱い」,「軽い，重い」という対立する性質の組み合わせで説

表1.1 化学史の抜き書き

？	最初の化学技術：火の使用
BC4000 年頃	焼き物と金属の利用
BC1000 年-0 年	単体（元素）仮説
	例：「水，火，空気，土」（エンペドクレス）
BC400 年頃	原子仮説
	（レウキッポスやデモクリトス）
1-16 世紀	錬金術の時代
17 世紀	ボイルによる純粋化学の立場の表明
18 世紀	ラボアジェによる近代化学の確立
1803 年	原子説（ドルトン）
1811 年	アボガドロの仮説
1828 年	尿素合成（ウェーラー，有機化学のはじまり）
19 世紀中頃	熱力学の成立
1869 年	周期表の発見（メンデレーエフ）
1896 年	ウランの放射能の発見（ベクレル）
1897 年	電子の発見（トムソン）
20 世紀初め	古典統計力学の成立
	アボガドロ定数の測定（ペラン）
1911 年	原子核と電子からなる原子模型（ラザフォード）
1916 年	共有結合のモデル（八隅説，ルイス）
1920 年	高分子概念の提唱（シュタウディンガー）
1925 年	量子力学の発見（シュレーディンガー，ハイゼンベルク）
1927 年	水素分子の量子力学的理論（ハイトラー，ロンドン）
1953 年	DNA の二重螺旋構造の発見（ワトソン，クリック）

明しようとしたもので，この4種の性質を代表する「元素」として「火，水，空気，土」を考えた．こうした考え方は，紀元前400年頃の原子仮説へと繋がる．このような「単体」とそれを物質的に表現した「原子」の組み合わせという仮説は，物質の混合による金の創成という**錬金術**へとつながる．元素転換のすべをもたなかった時代であるから，錬金術は成功しなかったが，15世紀にもわたる（無駄な）試みは，無数の化学実験による化学的知見の蓄積をもたらした．ただし，この頃，錬金術は師匠から弟子へと伝承されるものであり，公的な意味では社会にとっての知識の蓄積にならなかった．実際，世界で最古の大学 (university) が設立されたのは11世紀（現在のボローニャ大学）であるが，カトリック教会が後ろ盾であり，神学，法学，医学，学芸などが教えられた．この中には錬金術は含まれていない．

　基礎科学としての化学が科学の歴史に現れるのはようやく17世紀であり，意識的に純粋化学の立場を表明したのは気体の法則で有名なR.ボイルであった．18世紀にはA. L. deラボアジェが天秤を使用して化学研究を行い，定量性をもった学問として近代化学を確立した．この成果を基にJ.ドルトンは現代に繋がる原子説を提出した．実験結果の解釈において圧倒的な成功を収めた原子説であるが，アボガドロ定数を測定するという形でそれが確立されたのは20世紀であったことを強調しておかなければならない．これには古典**統計力学**が必要であった．1925年の**量子力学**の発見は高校の化学の教科書には記載が無いが，1.4節で説明する通り，現代化学にとって極めて大きな出来事であった．統計力学と量子力学なしに現代化学の発展は不可能であったといってもよい．

■自然科学の性格

　表1.1から，自然科学の特徴として次のようなことを読み取ることができよう．まず，化学は錬金術と密接な関係をもっていたわけであるが，錬金術はまさしく金を得るという実利と結びついていた．この意味で実用科学として発生したといえる．このような事情は，天文学が農業上の必要から生まれ，また，毎年の洪水の後に土地を測量することで幾何学が発展したという具合に，自然科学の他の領域でも見ることができる．

　しかし，いったん生まれ出た学問は，人間の知的好奇心を背景に独立に発展をはじめる．このとき実用科学としての性質は薄らぎ，基礎科学へと発展していく．それを支えるのは大学などの組織的な教育体制であり，そこでは職業的科学者が発生する．職業的科学者は生産活動に直接的に携わっていないが，人類の知識を増やすことで究極的には福祉に貢

献していると考えられる．自然科学自体も，究極的には人類社会に貢献すべき性格を有しているのである．

自然科学は実用科学として発生したが，基礎科学として独自の発展を遂げてきた．この過程では，研究の成果が，個人の知識や少数の人々の中だけで共有される「秘伝」であってはならないことは言うまでもない．自然科学が自然の理解という目的をもつことも考慮すると，自然科学の研究は

観察・実験　→　発見　→　公表　→　次の研究　→　…

というサイクルをもつことがわかる．このことから直ちに，観察・実験の重要性と，結果をまとめて公表することの重要性が結論できる．大学教育では多くの場合，卒業研究でこの研究のサイクルに参加することになる．実験を大切にすること，結果を適切にまとめること，それを公表することの重要性をしっかり覚えておいてほしい．

■現代社会と自然科学

過去においては，最先端の科学の知識は，非専門家にとっては遠い存在であった．しかし，現代にあっては，身の回りを見ればおよそあらゆることが自然科学の成果に基づいて「実行」されていることがわかる．このような状況は，「基礎科学は知的興味に基づいて発展する」とか「特別なことがらだけに科学が関係する」という素直で楽観的な態度を許さなくしている．自然科学の成果が数年で実用に結びつくこともある．こうした中で，自然科学の性質，市民としての科学に対する態度，研究者（の卵）としての態度などに大きな影響を与えつつある．

自然科学の成果が「科学・技術」として日常生活に分かちがたく結びつくようになったことは，基礎科学と実用科学の距離が近くなったことを意味する．学問的には元々，境界が確定できたわけではないが，距離の短縮は，科学的成果（と研究者）の評価，研究資金の流れ，などに大きな影響を与えている．近年では，ともすれば実用に近い研究成果が重視される傾向にある．基礎研究がおろそかにされることへの危惧を抱く研究者も多い．一般に，基礎科学では有意義な研究課題を見つけること自体に困難が伴い，その意味で，地道な努力が必要なためである．

あらゆることがらが自然科学と結びつき，しかもその仕組みが複雑化する中で，科学のように装って商売が行われることも多くなっている（「ニセ科学」とか「擬似科学」などと呼ばれることもある）*1．科学的な思考法や態度（科学リテラシー）を養うことの重要性が一層，高まっている．

*1　ニセ科学・擬似科学は必ずしも営利目的とは限らない．血液型性格判断のように，当初は科学研究に出発点があるものもある．

実用に近い研究は実利とも結びつきやすいため，研究資金の流れとも大きく関係している．また，研究者個人の社会的「名誉」にも直結しがちである．このため，華々しい成果を「挙げる」ことの価値が増し，研究不正（**捏造**，**改竄**，**剽窃**が代表的）が増加している[*2]．しかし，不正な手段で得た一時の「成功」は，科学の性質上，必ず明らかになるし，何より，科学に対する信頼を低下させる点で科学の発展を阻害する．研究不正は，たとえそれが法的な意味での犯罪ではなくとも，研究者（とそれを志す者）にとって絶対に犯してはならない規律違反である．

最後に，基礎研究と実用研究の距離の狭まりは，自然科学と戦争（と平和）のかかわりが以前にも増して緊密になったことを意味することを指摘せねばならない．たとえば，化学反応についての知見は，医薬品などの有用化合物の合成だけでなく，毒ガスの合成にも利用できることは明らかである．実際，窒素固定法（ハーバー・ボッシュ法）で名を残すF. ハーバーは，第一次世界大戦中，毒ガス製造を主導していた．ハーバー・ボッシュ法そのものも，火薬の生産に利用できるため第一次世界大戦を長引かせたともいわれる一方で，化学肥料の生産を可能にし現在の地球上の人口を支えている．あるいは，A. アインシュタインによる相対性理論の発見は基礎科学における最大の成果の一つであるが，全地球測位システム（GPS）の実用性に決定的な役割を果たしている．その一方で原子爆弾の基礎でもあった．

研究者は，研究者集団（コミュニティー）の中でのみ生きているわけではなく，間違いなくより広い社会あるいは世間の中で生きていくことになる．研究の主体として，研究成果についてどのように責任をとれるのか，直接に成果の利用をコントロールできない場合に「どうすべき」か，といったことを常に意識することが求められる．議論すべき論点が多く，自然科学の範囲だけでは閉じないことがわかる．アインシュタインは，第二次世界大戦中に原子爆弾の開発をアメリカ大統領に進言したが，戦後には核兵器廃絶や平和運動に力を尽くしたことを紹介して，この節を終えることにしよう．

[*2] **捏造**（ねつぞう）は，事実とは異なる事柄を事実として報告すること．いわゆるでっち上げ．**改竄**（かいざん）は，実験結果を事実でないものに書き換えること．都合の良いようにデータ（写真，図表なども含む）を作り替えることだけでなく，都合の悪いデータを合理的な理由無しに無視することなども改竄にあたる．**剽窃**（ひょうせつ）は，他人の業績・文章などを「不適切に」（適切に出典を示すことなどを行うことなく）自分のものとすること．剽窃の中でも，業績や文章をそっくり取り込む行為を**盗用**という．なお，引用は剽窃とは異なり，引用元の著作権者に無断で行うことが法的にも認められているが，満たすべき一定の要件がある．

1.2 自然の階層性と自然科学

■自然の階層性

目に見える物質は原子・分子からなっている．分子は原子からなり，原子は原子核と電子からなっている．原子核は陽子と中性子からなる複

合粒子であり，陽子や中性子を素粒子という．素粒子はまたクォークからなっている．一方，目に見える物質からより大きなスケールに目を転じると，目に見えているほとんどの物体は地球という惑星の上にあり，太陽と複数の惑星などから太陽系が構成される．多数の恒星が集まって銀河を作り，さらに最近の研究によれば，銀河もまた銀河団を構成しているという．このように自然には，（比較的）少数の種類の要素が集まって新しい構造を作り，それがまた次の構造の要素になるという大まかな構造があるように見える．様々な物質の大きさの比較を図 1.1 に示す．

ここでピンポン球の運動を議論する際に，ピンポン球が多数の原子・分子からなっていることを考慮する必要はなく，古典力学を考えればよいことに注意しよう．同様に，ピンポン球を作っている高分子化合物の性質を議論する際には，その化合物がどのような素粒子からなるかを問う必要はない．したがって，自然は構造に階層的な構成をもつだけでなく，そこで重要となる法則にも階層的な特徴があることがわかる．これ

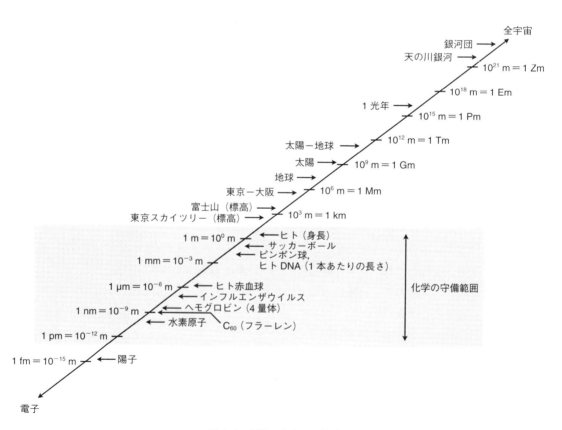

図 1.1 物質の大きさの比較
現時点では，宇宙の大きさについて信頼できる見積もりは無い．また，電子は構造をもたない点状粒子と考えられている．単位とくに接頭辞については 2 章を参照．

らを一般に**自然の階層性**とか**自然の階層構造**という.

■基礎科学の役割分担

自然の理解を目的とする自然科学にもこの自然の階層性は反映されている.**物理学**は自然の究極的解明を目指し,すべての階層において,できる限り**普遍的**な法則(**普遍性**)を探求することを最も大きな特徴としている.このため,物理学で確立された法則は,自然を理解する上で基本法則としての位置を占め,自然科学のあらゆる分野に大きな影響をもつことになる.揶揄的に「物理帝国主義」という言葉が使われることもある.後述する通り,化学についてもその影響は,ある意味で決定的である.

化学は物質の学問であり,自然の階層でいえば原子・分子の領域を受けもっている.原子の種類は(ほぼ)有限であるが,その組み合わせは無限にあるから,物理学とは対照的に,物質世界の**多様性**を明らかにするという性格をもっている.このため,化学には記載的な性格が必然的に発生する.自然界に存在する「もの」を収集・列挙し性質を記載するという意味で,博物学的という語を使うこともある.ただし,ここでいう博物学的性格は,古典的生物学や地学における博物学とは少し趣を異にする.これらが有限の種の記載を目的とするのに対し,化学は記載すべき物質を積極的に創造するからである.積極的博物学とでもいえばよいかもしれない.ちなみに現在までに人類が認識した化学物質の総数は約二億種類を超えている.

原子・分子の存在が明らかにされる以前から化学の研究は行われてきたが,後述する通り,現代の化学は原子・分子の存在を前提としている.これらの大きさは概ね 0.1 nm から 10 nm 程度である(5章).最近は,ナノメートル領域を対象とする科学・技術を**ナノサイエンス・ナノテクノロジー**[*3] とよぶことも多い.あきらかに,化学は歴史的にこうした分野の中核を占めて来たし,現在もその役割は不変である.

生物学は生物・生命を対象とする自然科学である.博物学的研究(生物個体や集団の記述と分析あるいは解剖学)から出発した生物学であるが,現在ではそのメカニズムを分子のレベルで解明しようとする研究(分子生物学)が主流を占めている.このため,生物学研究における化学の役割はますます大きくなっている.

自然科学の中で**数学**は,階層横断的という点で特別な位置を占めている.ものを数えることから自然数が生まれ,測量の必要から幾何学が生まれたという具合に,その起源は自然(あるいは物質)にあるのだが,少なくとも現在の数学は物質性を捨象し,数・図形とそれらの関係に関

[*3] ナノテクノロジーはしばしば**ナノテク**と略される.

する学問として発展している．その一方で，「自然という書物は数学という言葉で書かれている」（ガリレオ・ガリレイ）といわれるほどに，自然の記述，特に物理学的記述に有用であることも事実である．

数学，物理学，化学，生物学といった自然科学の境界は，時代と共に変化してきた．たとえば，原子の構造を解明することは，20世紀初めには明らかに物理学の課題であったが，現在では「原子構造」は「化学の基礎」であり議論の土台である．別の例としては，現在，物理化学（physical chemistry）でもっとも権威のある学術雑誌の一つである *The Journal of Chemical Physics* は，もともとは化学物理（chemical physics）の雑誌として1933年に創刊された．

こうした分類の柔軟性と表裏一体の問題として，分類をどちらにしてよいかはっきりしない**境界領域**も存在する．たとえば化学と物理学を例にとると，目に見える物質の性質（**物性**）を研究対象としたとき，多くの物質に妥当する（普遍性をもつ）性質を追求する物理学の研究であっても，具体的・個別的物質の性質を観測・記述するという，いわゆる化学的なことから始めざるを得ない．物質の多様性そのものに重きを置けば物性化学的研究，多様性の中の普遍性に重きを置けば物性物理学的研究ということになるが，明確な線引きはできないのが実情である．生物化学と分子生物学についても同様の関係がある．さらに，これらのような「いかにもありそうな境界領域」以外に，数学的色彩の強い理論化学の研究（たとえばグラフ理論による芳香族性の解明，コラム1）のようなものもある．

1.3　化学の目的

■物質観の深化

自然の理解という立場から化学の目的を端的に表現すれば，「人類のもっている物質観を広め・深める」ということができる．

化学のもっとも基本的な性格である物質世界の多様性を明らかにすることを主に担っているのは**分析化学**や**合成化学**である．**分析化学**は「どんな物質が存在するか」，「物質がどんな風に存在するか」を分析する化学の一分野である．**合成化学**は「どんな物質が存在できるか」，「どんな反応があるか」を追求している．物質の特殊な存在形態である生命に化学の立場から挑む**生物化学・天然物化学**や，「私たちはどこにいるのか」を明らかにする**環境化学・地球化学**も，広義にいえば「物質がどんな風

に存在するか」を明らかにしているといえよう．

多様性を明らかにし理解するには，羅列を超えて，「物質・性質・反応を分類」したり，「分類の基準を作る」必要がある．これには他の化学の分野以上に物理学との緊密な関係が求められる．この部分を主に担っているのが**物理化学**である．

■ **直接的貢献**

自然科学には，成果をもって人類の福祉に貢献するという実学的な側面もあった．この性格がもっとも色濃く現れるのは有用化合物の合成である．望みの化合物を自由自在に作り分けることを目指す**合成化学**，化学反応の制御を目指す**触媒化学**が代表的である．身の回りで広く使われる材料として物質を研究対象とする**材料科学**（**材料化学**）も，有用化合物の合成を重要な内容として含んでいる．

地球温暖化の危険性が強く認識されるようになり，「地球を理解する」ことは人類にとって知的興味にとどまらない重大問題になってきた．この意味で，**環境化学**・**地球化学**はいまや人類の福祉に直接的に貢献する実用科学としての性格をももつに至ったといえる．

以上をまとめると図1.2のようになる．

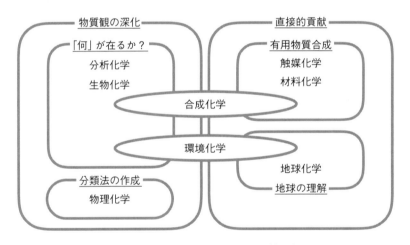

図 1.2 目的あるいは役割から見た化学の諸分野

1.4　現代化学の特徴と研究体制

■ **20 世紀以降の化学**

表1.1には，高校の化学の教科書に載っていなかったが，現代化学に

とって極めて重要な歴史的事実が記載されている．それは，**統計力学**の成立と**量子力学**の発見である．量子力学は一言でいうと原子や分子の世界の力学である．化学が原子・分子を対象とした学問であるにもかかわらず，量子力学の発見が1925年であったということは，それ以前の化学は原子・分子の運動を支配する基本法則を知らなかったということである．実際，6章で説明する通り，量子力学によってはじめて周期表の意味が明らかになった．このことの化学における重要さは容易に理解されよう．歴史的大事件のもう一つ，統計力学というのは，原子・分子の運動や状態から気体・液体・固体などの巨視的物質の性質を知るための処方箋である．実はいささか逆説的だが，統計力学は原子説（物質世界が小さな粒子からなっているという考え方）の実験的な証拠を提出するのに大きく貢献した．この二つの物理学上の出来事は，原子・分子を基礎に物質の性質や反応を研究対象とする化学の足場を作った極めて重大事なのである．逆に言うと，量子力学や統計力学を勉強せずに「化学をする」というのは，「19世紀に帰る」ことだといっても過言ではない．

■化学の対象

　化学の目的との関連で先に化学の諸分野を簡単に紹介したが，ここでは研究対象に注目してもう少し詳しく諸分野を概観する（図1.3）．ただし，各分野についての以下の記述は多分に主観的である．

　原子核を化学の対象として取り扱うのが**核化学**や**放射化学**である．原子核反応で「合成」された数原子の新元素の化学的性質を調べるようなことも行われている．放射化学では，放射能測定という超高感度測定（1原子ごとに測定できる）を利用した分析化学的研究も行われている．

　単一の分子の構造と性質に注目すると，量子力学に基づいて理論的あるいは計算科学的に電子状態を調べる**量子化学**や，主として光と分子の相互作用を通じて実験的に分子構造等を調べる**分子分光学**がある．これらは物理化学に分類されている．一方，有機化合物，無機化合物を問わず**合成化学**も，どちらかというと単一の分子の性質に注目することが多いのが実情である．

　反応を研究対象とする分野としては，反応機構の立場から化学反応を研究する**化学反応論**や，むしろ反応速度の制御に力点を置いた**触媒化学**などがある．合成化学においても，反応機構の解明や新しい反応の開発が主要な目的とされることもある．化学平衡や熱化学は**化学熱力学**と呼ばれる分野の対象である．

　巨視的な物質を対象とする場合，主に構造と分子運動を研究対象とし

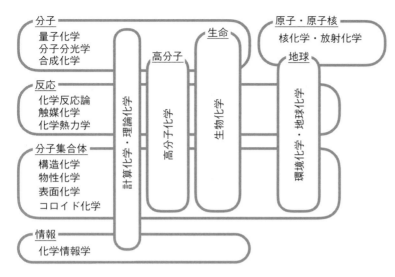

図1.3 研究対象（下線）から見た化学の諸分野

ているのは**構造化学**であり，分子集合体の物性と分子の性質の関係を解明しようとするのが**物性化学**である．物質が高分子化合物である場合にはその分子構造の特異さゆえに独特の性質がある．ここに注目した化学が**高分子化学**である．

巨視的な物質には実は表面（界面）がある．そこでどんなことが起こるかを主な研究対象とするのは**表面化学・界面化学**である．固体触媒を対象とする触媒化学と非常に密接に関係している．一方，粒子の直径を小さくしていくと，全分子数に対する表面にある分子の数の割合が非常に大きくなると共に，独特の性質を示すようになる．このような現象を取り扱っているのが**コロイド化学**である．

生物化学は物質の特殊な存在形態である生命に化学の立場から挑んでいる．生物学と化学の境界領域として両方の知識が必要とされることはいうまでもない．

以上のような化学物質を対象とした化学の他に，研究の方法を対象とした研究もある．新しい実験法の開発などが代表であるが，化学情報の蓄積と利用から新しい価値を生み出そうとする**化学情報学**などもこの範疇に含めることができるだろう．

■**化学者の組織**

世界中どの国でも，化学の専門教育（専門家の育成）は大学を中心にして行われている．国内の主要な理工系大学には必ず化学に関係した学科（専攻）がある．理学部の化学科（専攻）はどちらかというと基礎化学

に重点を置いており，工学部などに置かれる学科（専攻）は応用化学科などの名称をもつことが多く，どちらかというと応用的な側面に重心を置いていることが多い．最近ではアメリカなどの例に倣い，化学・生物化学科などの名称をもつ学科（専攻）を置くところもある．これらとは別に，薬学部あるいは工学部の無機材料工学科や金属工学科などの材料系学科や化学工学科でも，やや内容に偏りがあるものの専門的な化学教育が行われている．

研究会を開催したり研究論文を発行するために研究者が自主的に集まって作る組織を一般に**学会**という．国内の化学の全分野を網羅する学会は**日本化学会**である．会員数は約3万人で，日本物理学会の約1万人よりかなり大きい．国内では学会組織としても大きい方である（化学系学会としては世界的にみても有数の規模である）．会員になるための資格は"化学系の大学に在籍以上"であるから，学生諸君も会員になれる．日本化学会の他にも研究分野ごとの学会が多数組織され，国内における化学研究の発展に寄与している．大学教員や企業の研究者の多くは，何らかの学会に在籍して活動を行っている．

世界各国の化学会の連合組織として**国際純正・応用化学連合**（International Union of Pure and Applied Chemistry，**IUPAC**）がある．個人会員制度もあるが，主たる機能は学会組織の連合体[*4]で，化学に関係した単位や記号の統一のための勧告を行い，また，そのために他の分野の対応する組織（国際純正・応用物理学連合 IUPAP や国際結晶学連合 IUCr など）と協議を行うなどしている．

> *4 正確には，日本化学会ではなく日本の学術界を代表する公的組織である日本学術会議が加盟団体である．

■化学情報

化学における情報には，化学の「物質の多様性を明らかにする」という特質（博物学的特質）に根ざした特別な性質がある．たとえば，古文書に「いろは山の麓の大きな木の葉を煎じて飲むと頭痛が直った」と記されていたとする．この情報が本当であれば，その「木」を特定することで有用な未知化合物が発見される可能性がある．したがって，情報を無駄にすることなく，しかも円滑に流通させることには重要な意味がある．

このことに早い時期に気づき，その業務を実質的に担ってきたのはアメリカ化学会の Chemical Abstracts Service（CAS）である．Chemical Abstracts（**ケミカル・アブストラクツ**，略称「ケミアブ」）のデータベースには，1907年以降の30,000,000件以上の一次情報（学術雑誌の論文，学位論文，特許公報など）が収録されており，毎日約5,000件の情報が

追加されている．現在では，このデータベースはSciFinderとしてオンラインで供給されている．なお，ケミカル・アブストラクツのような網羅性はないものの，Google Scholarのようなインターネットの無料検索サイトでも化学情報が検索できる．

練習問題
A．化学の特徴をできるだけたくさんあげてみよ．
B．化学を定義してみよ．
C．化学史の年表の中の出来事を一つ選び，Bで与えた定義に照らして，どのような意義があるか説明してみよ．
D．過去のノーベル化学賞の中から一つ選び，Bで与えた定義に照らしてどのような意義があるか説明してみよ．
E．研究不正の害悪を具体的に説明してみよ．
F．化学の人類社会に対する功罪について論じてみよ．

参考書
岩崎允胤・宮原将平，『科学的認識の理論』，大月書店，1976年．
原　光雄，『化学入門（岩波新書）』，岩波書店，1953年．
朝永振一郎，『物理学とは何だろうか 上・下（岩波新書）』，岩波書店，1979年．
久保昌二，『化学史 —化学理論発展の歴史的背景—』，白水社，1959年．
アーサー・グリーンバーグ，『痛快 化学史』（渡辺・久村 訳），朝倉書店，2006年．
日本学術会議，「軍事的安全保障研究に関する声明」，2017年．

Column・コラム・1
分子の性質とグラフの特性多項式

図C1.1　仮想的3原子分子

図C1.1のような簡単かつ仮想的な3原子分子を考える（原子の種類はここではどうでもよい）．三つの原子に名前をつけることを考えよう．たとえば左から順にABCとかACBのようにである．これは順列の問題であるから$3! = 6$通りの命名法がある．

ここで次のような行列を考える：行，列とも命名法によらずA，B，Cの順で並べることにする．各要素は次の規則で決める．

対角要素はx

	A	B	C
A	x	1	0
B	1	x	1
C	0	1	x

図C1.2　ABCの命名法による行列要素の求め方

原子が互いに結合していれば1
原子が互いに結合していなければ0

すると，ABCと名前をつけたときには各行列要素は図C1.2のようになって，

$$\begin{pmatrix} x & 1 & 0 \\ 1 & x & 1 \\ 0 & 1 & x \end{pmatrix} \quad \text{(C1.1)}$$

という行列が得られる．一方，ACBのように名前をつけると，CがAおよびBの両方と結合しているから，得られる行列は

$$\begin{pmatrix} x & 0 & 1 \\ 0 & x & 1 \\ 1 & 1 & x \end{pmatrix} \quad \text{(C1.2)}$$

となる．興味深いことに，式 (C1.1) の行列式[†1]は式 (C1.2) のそれと一致する．

$$\begin{vmatrix} x & 1 & 0 \\ 1 & x & 1 \\ 0 & 1 & x \end{vmatrix} = x^3 - 2x = \begin{vmatrix} x & 0 & 1 \\ 0 & x & 1 \\ 1 & 1 & x \end{vmatrix} \quad \text{(C1.3)}$$

実は，これは6通りの命名法の全てについて成立している．行列の要素を原子のつながりだけで決めたことを思い出すと，$x^3 - 2x$ という式は，3原子の結合の仕方で決まっていることがわかる．数学において，複数の点を線でつないだ図形をグラフといい，その性質を調べる**グラフ理論**と呼ばれる分野がある．それぞれのグラフには，グラフの性質を反映した特性多項式が数多く知られている．先の規則によって作った多項式 $x^3 - 2x$ は，特性多項式の一つである．これを0と等置した方程式 $x^3 - 2x = 0$ は，π電子のエネルギーを最も簡単なレベルで取り扱う**ヒュッケル法**という，初歩的な量子論的化学理論においてエネルギーの計算で現れる方程式に一致する．ヒュッケル法は，ベンゼンの芳香族性を説明するなど，有機化学の基本的な理解に欠かせない．

グラフ理論の応用はヒュッケル法に限るわけではなく，様々な応用が可能とされている．簡単な例としては飽和炭化水素の異性体の数を数え上げることが考えられる．あるいは，置換基を導入した場合の異性体を数え上げることもできよう．

さらに，次のような問題もある．π電子をもつ炭素骨格に対して，炭素原子の原子価が4であることを満足するように二重結合を配置した構造を**ケクレ構造**という．ケクレ構造がベンゼン分子で2種類，ナフタレンで3種類であることは容易にわかるが，分子が大きくなるとそれを数え上げるのは急速に難しくなる．グラフ理論を利用すると機械的な計算ができ，C_{60} 分子に対して可能なケクレ構造の数が12,500個と求められている．

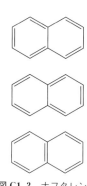

図 **C1.3** ナフタレンの3種のケクレ構造

[†1] 正方行列（行と列の大きさが等しい行列）に対して定義される量であり，線形代数で学ぶ．たとえば，2行2列の行列 $\{(a,b), (c,d)\}$ に対しては，逆行列の公式に現れる $ad - bc$ である．3行3列の行列についても類似の「たすきがけの方法」（サラス展開）で計算できる．

2 章 物理量

●この章のねらい●

・物理量とは何かを説明できる
・SI 基本単位を説明できる
・精度と確度を説明できる

　自然の定量的理解を目指す自然科学では，実験によってある量を測定し，そこから自然の姿を読み解こうとする．この測定される量を物理量という．この意味で物理量の取り扱いは自然科学という営みの本質にかかわる．この章では，物理量の性質と表し方，実験で得られる結果の取り扱いの概略を述べる．

2.1　物理量と単位

■物理量

　自然を記述するには様々な量を用いて定量的な記述を行う必要がある．たとえば，「温かい空気は冷たい空気より軽い」という文は，「重い・軽い」を同じ量の物質について比較しているという常識を前提にすれば，科学的に正しい．しかし，これでは熱気球を飛ばすにはどれだけ軽い必要があるかはわからない．どれだけ軽いかを定量的に表せば，熱気球について具体的な計算を行えるし，温度がどれだけ違うと「密度がどれだけ変わるのか」といった問いを設定し，より詳細に「空気」の性質について議論を進めることができる．この意味で，自然を定量的に記述することは自然科学にとって必須である．定量的に記述される性質を一般に**物理量**という．化学に登場する物理量の例を表 2.1 に示す．

　物理量の例として「長さ」を考えよう．「一万円札の幅」は具体的な「長さ」であり，これを一円玉の直径を単位として測っても，物差しで

表2.1 物理量の標準的記号（抜粋）

長さ	l	（原子の）主量子数	n
面積	A	（原子の）軌道量子数	l
体積	V	（原子の）磁気量子数	m
時間	t	スピン量子数	s
振動数	ν	アボガドロ定数	N_A
角振動数	ω	気体定数	R
質量	m	ボルツマン定数	k_B
圧力	p	プランク定数	h
電流	I	電気素量	e
電場	E	化学ポテンシャル	μ
磁場	H	平衡定数	K
温度	T, t	解離度	α
物質量	n	活量	a

cm を単位にして測っても，実体としては同じである．ただし，いずれの方法をとるかによって見かけの数は異なる．したがって，「長さ」という属性は「数値 × 長さの単位」によって特徴付けられることになる．つまり「長さ ＝ 数値 × 長さの単位」である．これはどんな物理量でも同じである．したがって，一般に

$$\text{物理量 ＝ 数値 × 単位} \tag{2.1.1}$$

の関係がある．無次元量と呼ばれる特殊な物理量を除き，数値だけで物理量を表すことは不可能なことを銘記すべきである．

単位は「おまけ」ではない．「1 [kg]」のように単位を括弧書きするのは，（高校までの教育ではともかく）自然科学の一般常識としては明確な誤りである．「1 kg」のように括弧を使わずに表記するのが正しい．表記法については後述する．また，「一万円札の幅」の例でわかる通り，物理量の名称と単位は無関係である．「長さ」を「メートル数」と呼ばないように，「物質量」という物理量を「モル数」と呼んではならない．

■表記法

物理量と単位の記号については，表2.2のような約束に従うのが一般的である．はじめは煩雑に見えるが，合理的な約束であり慣れると非常に便利である．自然科学の現場では，高校までのように物理量の数値のみを文字（記号）で表すのは非常にまれである．注意したい．よく使われる物理量に対する記号を表2.1にまとめておく．時間と温度のように同じ記号を使うものもあるが，文脈によって曖昧さ無くいずれか特定できるのが普通である．

表記法はグラフの書き方にも関係する．式 (2.1.1) は

表 2.2　物理量と単位の記号の表記法

物理量の記号
　　ラテン文字かギリシャ文字の一文字で表す
　　斜体（イタリック体）を使う
　　添え字はその意味に従って斜体か立体
　　　〔例〕C_p：定圧熱容量（p は圧力）；C_{He}：物質 He の熱容量
単位の記号
　　立体（ローマン体）を使う
　　複数になっても変わらない
　　省略記号（.）はつけない
　　単位の積を積の記号無しで書くときはスペースを入れる
　　割り算が複数ある場合は括弧で曖昧さを除く

$$\text{数値} = \text{物理量} \div \text{単位} \qquad (2.1.2)$$

と変形することができる．グラフの座標軸は数値を表すのが普通であるから，「m/kg」（スラッシュ前後のスペースは必須ではない）のように座標軸をラベルしなければならない．このような表記法に従ったグラフの例を図 2.1 に示す．複数の割り算による曖昧さをなくすために縦軸のラベルを「$C_p/\mathrm{J\,K^{-1}\,g^{-1}}$」としている．これは，表 2.2 の約束により，たとえば「$C_p/[\mathrm{J}/(\mathrm{K\,g})]$」としても構わないが，「$C_p/\mathrm{J}/\mathrm{K}/\mathrm{g}$」としてはいけない．

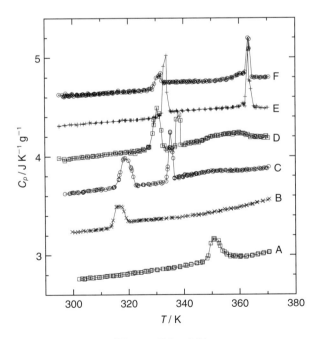

図 2.1　グラフの例
質量あたりの定圧熱容量（C_p）の温度（T）依存性．

18 | 2章 物理量

2.2 国際単位系

■国際単位系（SI）

物理量を記号で表すことにすれば，物理法則はどのような単位を使うかに依存しない形で書き表すことができる．この意味で，法則にまで達してしまえば単位はどうでもよいともいえる．しかし，自然科学は自然を対象に観察・実験に基づいて研究されるわけだし，個人ではなく人類全体の営みである．このため，観察・実験の結果を相互に比較する必要がある．このために現在，広く使われている単位系は国際単位系（SI，SI単位ということもある）である．

自然の記述にどれだけの単位が必要であるかは自然の理解の程度に依存する．熱力学（9章で学ぶ）を例にとると，熱の本性が明らかになって熱力学第一法則が確立するまでは，「熱」と「仕事」は別々の単位で測定する必要があった．両者がエネルギー移動の形態であることがわかると，これらの間の比例係数を1になるように単位を定めることによって，熱のための特別な単位は不要になったのである．一方で，化学で多用するモルは物質量の単位で，物質を特定すれば質量で表すことも不可能ではない．しかし，化学では物質量の比較が必要であるから基本単位として残されている[*1]．この意味で，単位系の設定は，「自然の理解」と「自然科学の文化」に依存しているともいえる．

■基本単位

国際単位系では，独立な物理量として「長さ」，「質量」，「時間」，「電流」，「温度」，「物質量」[*2]，「光度」の七つを選び，これらに基本単位を与えている．基本単位の定義は不変ではなく，科学技術の発展と共に変遷している．この変遷は基本的には普遍性を高める方向であり，より具体的には「人造物」から「自然現象に基づく普遍量」へと変化している[*3]．いうまでもないが，過去の学問的蓄積を無にしないため，こうした改訂は「最先端の実験結果」に基づき，「最先端の実験のみがその差を検出できる」ような形で行われる．実際，「時間」については，最新の実験技術は光速度をもう一桁定義し得るところまで到達している．

現在のSIでは，^{133}Cs原子の基底状態に関係した電磁波の振動数（詳細は後述），光速度（$c = 299{,}792{,}458\ \mathrm{m\ s^{-1}}$），プランク定数[*4]（$h = 6.62607015 \times 10^{-34}\ \mathrm{J\ s}$），電気素量（$e = 1.602176634 \times 10^{-19}\ \mathrm{C}$），ボルツマン定数[*5]（$k_\mathrm{B} = 1.380649 \times 10^{-23}\ \mathrm{J\ K^{-1}}$），アボガドロ定数（$N_\mathrm{A} =$

*1 歴史的には，物質量がSIの基本物理量に採用されたのは七つの基本物理量のうちで最も遅い1971年である．

*2 英語ではamount of substance. 日本語の名称については変更の可能性も含めて検討が行われている．

*3 こうすることによって，政治情勢や国力によらず，何処でも誰でも定義に従った測定が（原理的には）可能になる．本文に記述のある「原器」を使った定義ではこれは不可能である．実際，質量原器の場合，真性な本物は世界に1個，公認されていた「標準原器」（レプリカ）は40個で，各国に配布されていた．この場合，当然ながら，標準原器を保有しない国では自国の測定器の正しさを定義に従って確かめる方法が無かったのである．

*4 4章で登場し，5章以降で活躍する．原子・分子の世界の力学である量子力学に特徴的な量．

*5 気体定数 $R = N_\mathrm{A} k_\mathrm{B}$.

$6.02214076 \times 10^{23}\,\mathrm{mol}^{-1}$），および視感効果度を，不確かさのない（大きさの定義された）定数とすることにより基本単位を定義している．唯一の具体物である^{133}Cs 原子を介して「時間」，五つの基本定数によって「長さ」，「質量」，「電流」，「温度」，「物質量」という 5 種類の物理量の単位（基本単位）が定義されることになる．視感効果度は光度の単位の定義（後述）に関係する量である．

　時間の SI 基本単位は**秒**で，その記号は **s** である[6]．1 s は，もともと 1 分の 60 分の 1，1 日の 86,400 分の 1 の時間として定められていたが，地球の自転速度が一定でないことが明らかになったりしたため，現在では（0 K における）^{133}Cs 原子の基底状態における二つの超微細準位間の遷移に対応する放射の 9,192,631,770 周期の継続時間である．

　長さの SI 基本単位は**メートル**で，その記号は **m** である．光速が不変であるという事実に基づいて，1 s の 299,792,458 分の 1 に光が真空中を伝わる行程の長さと定義[7]されている．もともとは「地球の北極から赤道までの子午線の長さの 1000 万分の 1」と定義された（1791 年，フランスにて）．大規模な測量の結果を基に「メートル原器」が作製され（1799 年），1875 年のメートル条約で「0 ℃ におけるメートル原器の目盛り線の間隔」とメートルは定義し直された．目盛り線の幅だけ不確定性が残ることなどからより普遍的な定義が模索され，1960 年の「クリプトン原子の遷移に対応する光の波長」に基づく定義を経て，1983 年に現在の定義に至っている．

　質量の SI 基本単位は**キログラム**で，その記号は **kg** である．以前は長さと同じように原器が指定され，「国際キログラム原器」の質量によって定義されていた．メートル原器による「メートル」を基に，「1 dm^3 の水の質量」に等しくなるように国際キログラム原器は作られたという．現在はプランク定数を定義することにより間接的に定義される．プランク定数の単位 J s が J s ＝ (N m)s ＝ $[(\mathrm{kg\,m\,s}^{-2})\mathrm{m}]\mathrm{s} = \mathrm{s}^{-1}\,\mathrm{m}^2\,\mathrm{kg}$ と，質量の単位 kg 以外には上で定義される s と m のみを含むから，こうした定義が可能であることがわかる．

　電気量に関する基本物理量としては**電流**が選ばれており，その SI 基本単位は**アンペア**で，記号は **A** である．**電気量**は「時間×電流」で与えられ，基本単位では A s という単位をもつことになるが，後述の組立単位である**クーロン**（記号は **C**）が広く用いられる．1 C ＝ 1 A × 1 s，つまり C ＝ A s である．現在は，基本物理量の選定とは対照的に電気素量（＝ 1 電子のもつ電気量の絶対値[8]）を定義している．以前は，「真空中に 1 m の間隔で平行に置かれた無限に小さい円形断面積を有する

---

[6] ここでは強調のために単位記号をボールド体で表記しているので注意せよ．以下同じ．

[7] 以下で用いる，「それぞれの基本単位の定義」という表現（およびそれに類する表現）は SI の公定文書の定義通りという意味ではない．

[8] 化学の範囲では，電気量は電気素量の整数倍に限られる．これは，電子だけでなく陽子の電気量も，電気素量の整数倍に厳密に等しいためである．素粒子を構成するより小さい粒子のもつ電気量は，電気素量の 1/3 を単位としている．

無限に長い二本の直線状導体のそれぞれを流れ，これらの導体の長さ $1\,m$ 毎に $2\cdot 10^{-7}\,N$ の力を及ぼしあう一定の電流の大きさ」として定義されていた．以前の定義では，真空の誘電率・透磁率は事実上，定義された物理量となっていたが，現在の定義では不確かさのある量である．

温度（熱力学温度） の SI 基本単位は**ケルビン**で，その記号は **K** である．熱力学温度は絶対温度と呼ばれることもある．現在は，1分子あたりの気体定数に相当するボルツマン定数を定義することによって定義されている．ボルツマン定数の単位 JK^{-1} は K 以外に J のみを含むので，上述のメートルの定義を踏まえれば，これによって K の定義が可能なことがわかる．以前は，$1\,K$ は，水の三重点の熱力学温度の $1/273.16$ と定義されていた．

熱力学温度は，日常的な感覚として定数倍や 0 を実感できない物理量であり，その正しい理解には熱力学が必要である．さらに現在の K の定義を理解するには，熱力学温度の意味を分子論的に解明した統計力学についての理解が必要である．また，こうした困難とも関係するが，熱力学温度は他の基本物理量に比べて特に測定が困難なため，その困難を軽減するために**国際温度目盛**[*9] が SI 単位とは別に定められている．

日常的によく使う摂氏温度（t，単位は $℃$）は，もともと水の氷点と沸点を用いて定義されていたが[*10]，現在では熱力学温度（T，単位は K）を使って

$$(T/K) = (t/℃) + 273.15 \qquad (2.2.1)$$

と定義し直されている．温度差としての $1\,℃$ は $1\,K$ と厳密に等しい．水の氷点や沸点は定義には関係しないので，不確かさの伴う測定の対象であり，実際，精密な測定によれば 1 気圧（$1013.25\,hPa$）における水の沸点は約 $99.974\,℃$ である．

物質量 の SI 基本単位は**モル**で，その記号は **mol** である．$1\,mol$ は，（厳密に定義された）アボガドロ定数 N_A に等しい要素粒子を含む物質の量である．モルを使うときは要素粒子を指定しなければならない．以前は，$0.012\,kg$ の ^{12}C の中に存在する原子の数と等しい数の要素粒子を含む系の物質量を定義していたので，$1\,mol$ の ^{12}C 原子は厳密に $12\,g$ であったが，現在は，mol と ^{12}C 原子の質量の関係が無くなったので，^{12}C のモル質量（$= 1\,mol$ あたりの質量）は不確かさのある量である．

光度 の SI 基本単位は**カンデラ**で，その記号は **cd** である．光度は他の SI 単位とは異なり，人間が感じる明るさに関係する心理物理量に付随した単位である．$1\,cd$ は定義された大きさをもつ視感効果度を用いて定義されているが，化学で用いることはほとんどないので，ここでは

[*9] 以前は国際実用温度目盛と呼ばれたものもあった．国際温度目盛に従って行われた測定値は熱力学温度と同一視してよいことになっている．2018年の SI の改訂にあたって国際温度目盛りの改訂が見送られたことは，改訂が実用的影響が無視できる形で行われることの現れである．

[*10] 当初は現在とは逆に，氷点を100，沸点を0としていた．

表 2.3 SI 組立単位

物理量	単位名	記号	定義	物理量	単位名	記号	定義
周波数	ヘルツ	Hz	s^{-1}	磁束密度	テスラ	T	$V\,s\,m^{-2}$
力	ニュートン	N	$m\,kg\,s^{-2}$	磁束	ウェーバ	Wb	$V\,s$
圧力	パスカル	Pa	$N\,m^{-2}$	インダクタンス	ヘンリー	H	$V\,A^{-1}\,s$
エネルギー, 仕事, 熱	ジュール	J	$N\,m$	セルシウス温度	セルシウス度	℃	K
仕事率	ワット	W	$J\,s^{-1}$	照度	ルクス	lx	$cd\,sr\,m^{-2}$
電荷	クーロン	C	$A\,s$	放射能	ベクレル	Bq	s^{-1}
電位, 起電力	ボルト	V	$J\,C^{-1}$	吸収線量	グレイ	Gy	$J\,kg^{-1}$
電気抵抗	オーム	Ω	$V\,A^{-1}$	線量当量	シーベルト	Sv	$J\,kg^{-1}$
コンダクタンス	ジーメンス	S	$Ω^{-1}$	平面角	ラジアン	rad	$m\,m^{-1}$
静電容量	ファラド	F	$C\,V^{-1}$	立体角	ステラジアン	sr	$m^2\,m^{-2}$

説明を行わない.

■組立単位

電気量の単位クーロンのように，特別の名称と単位記号をもつ，SI
基本単位から構成される単位がある．このような単位を**組立単位**という
（表 2.3）．角度（平面角）のように無次元になってしまうが，何を表す
かを明示した方が便利な物理量も組立単位に含まれている．

■SI 接頭辞

自然を定量的に記述する場合，1 章の図 1.1 に例示したように，素粒
子のような非常に小さいものから宇宙のように非常に大きなものまでを
扱う必要がある．そこで，SI ではこうした場合には基本単位に接頭辞
をつけて定数倍を表すことになっている．SI 接頭辞の一覧を表 2.4 に
示す．接頭辞は立体で印刷し，接頭辞と単位記号の間にはスペースを入
れてはならない．接頭辞と単位記号を併用した場合は新しい一つの記号
と見なす決まりである．つまり，km^3 は $(km)^3$ の意味であって $k(m^3)$

表 2.4 SI 接頭辞

倍数	接頭辞	記号	倍数	接頭辞	記号
10^{-1}	デシ	d	10^{1}	デカ	da
10^{-2}	センチ	c	10^{2}	ヘクト	h
10^{-3}	ミリ	m	10^{3}	キロ	k
10^{-6}	マイクロ	μ	10^{6}	メガ	M
10^{-9}	ナノ	n	10^{9}	ギガ	G
10^{-12}	ピコ	p	10^{12}	テラ	T
10^{-15}	フェムト	f	10^{15}	ペタ	P
10^{-18}	アト	a	10^{18}	エクサ	E
10^{-21}	ゼプト	z	10^{21}	ゼタ	Z
10^{-24}	ヨクト	y	10^{24}	ヨタ	Y

ではない．また，接頭辞は単独では使わないことや，複数の接頭辞を用いてはならないことも決まっている．なお，質量の単位の扱いは特別で，1 kg は 10^3 g として扱い，g を基本単位のように扱って接頭辞をつけることになっている．

2.3 測定値

■誤差

自然の定量的理解を目指す自然科学では，実験によって物理量を測定し，そこから自然の姿を読み解こうとする．多くの場合，測定している物理量には真の値がある（本質的に量子力学的現象ではここで書いた意味での真値が存在しない実験もある）．これを**真値**という．一般に測定の結果は真値とは異なる．測定で得られた値（**測定値**）と真値の差を**誤差**という．この意味で実験を通して決め得る量は真値の近似値であり，最も確からしい値（**最確値**）を求めることが重要になる．測定値と最確値の差は**残差**といって誤差とは区別する．

誤差は一般に偶然誤差と系統誤差に区別される．**系統誤差**は測定値に対していつも（基本的には）同じ誤差を与える誤差であり，簡単な例として，同じ物差しで長さを測るときに目盛りが狂っている場合をあげることができる．もともと物差しにはある決まった温度で正しく目盛りが刻まれているから，異なる温度でその物差しを使えば，熱膨張の影響で必ず同じだけずれた測定値が得られる．このような系統誤差は，原理的には適当な方法で除くことができる．一方，このような系統誤差とは別に，どんなに実験技術を改善しても偶然に支配されて除ききれない誤差がある．これを**偶然誤差**という．偶然誤差は一般に真値に対し大きい側と小さい側の両端に小さなばらつきとして現れる．一つ一つの測定値に対しては必ず偶然誤差が伴うが，測定を多数回行えば，**統計学**の助けを借りることにより最確値を求めることができる．残差の二乗の和（残差二乗和）を最小にするように最確値を推定する**最小二乗法**が代表的である．同じ測定を繰り返し，その結果の算術**平均**によって最確値を決定するのも最小二乗法の一種である．最確値の推定などについては統計学の教科書などを参照してほしい．

一連の測定を行ったとき，それぞれの測定値の精密さを表す量としては**標準偏差**を用いることが多い．標準偏差 (σ) は，n 回の測定のそれぞれの測定値 X_i $(i = 1 - n)$ の誤差を x_i とすると

$$\sigma = \sqrt{\frac{\sum_i x_i^2}{n}} \qquad (2.3.1)$$

で与えられる．系統誤差が完全に除かれた実験では，標準偏差は残差 d_i を用いると

$$\sigma = \sqrt{\frac{\sum_i d_i^2}{n-1}} \qquad (2.3.2)$$

となる．このことは，系統誤差を完全に除けば，測定回数を増やすことによって測定の標準偏差は（原理的には）いくらでも小さくできることを示している．最確値の標準偏差 (σ_{mp}) は

$$\sigma_{\mathrm{mp}} = \frac{\sigma}{\sqrt{n}} = \sqrt{\frac{\sum_i d_i^2}{n(n-1)}} \qquad (2.3.3)$$

で与えられる．

■精度と確度

自然科学にとって高精度・高確度の測定が望ましいことはいうまでもないが，実際には，系統誤差の原因をすべて特定して補正を行うことは困難であるから，測定の精密さはばらつき[*11]の大きさだけでは判定できない．測定値が真値に近い測定を**確度**が高い測定という．これに対し，ばらつきの小さい測定を**精度**が高い測定という．同じ測定を繰り返す場合には，精度は**再現性**と言い換えてもよい．

精度と確度は独立であり，高精度・低確度の測定も，低精度・高確度の測定もあり得る．図 2.2 は人為的に作った高精度・低確度の測定結果（○）と低精度・高確度の測定結果（×）である．真値が実線であれば，

[*11] 式 (2.3.1) が誤差で表されていることに注意．ここで「ばらつき」としている量は，たとえば式 (2.3.1) で $x_i = d_i$ とした量．

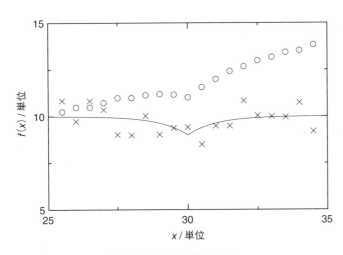

図 2.2 2 種類の実験の結果
実線が真値の x に対する依存性．

○ は高精度・低確度の，× は低精度・高確度の測定である．後者は $f(x)$ が $x = 25 \sim 35$ で約 10 というほぼ一定値をとることを正しく反映しているが，$x = 30$ におけるへこみを正しく捉えられていない．一方，前者は，$x = 30$ におけるへこみを x 依存性も含めて正しく捉えているが，$f(x)$ が x の増大につれて増大し，$x = 35$ 付近では約 15 にも達する結果となっており，絶対値としての信頼性に乏しい．

　一般に，物理量の量的振る舞いに注目して問題を取り扱うことを**定量的取り扱い**という．これに対し，量的変化の詳細に立ち入らずに問題を取り扱うことを**定性的**取り扱いという．新しい現象・原理の発見には定性的研究が，その精緻な記述には定量的研究が必要となることが多いが，これらは完全な対立関係にあるわけではなく，むしろ相補的である．たとえば，図 2.2 で，低精度・高確度の測定手法によって $f(x)$ がほぼ一定にとどまることが確立されていれば，その後の高精度・低確度の測定手法によって「$x = 30$ におけるへこみ」という新しい現象が発見され，真値が実線のような依存性をもつことが明らかになって，自然の理解が深まることになる．この意味で，研究の発展段階によって，定量的研究と定性的研究のいずれが必要か，またそのための精度と確度の相対的重要性は異なってくる．

■誤差と有効数字

　測定には必ず誤差を伴うから，測定値がどれだけ意味をもつかは常に意識しなければならない．これを明示的に示す方法の一つが**有効数字**である．最小目盛り 1 mm，全長 30 cm の物差しで 1 μm の違いを読み取れると考える人はいないであろう．目的に応じた測定手法が必要なのである．さて，この物差しを使って 15 cm 程度のものの長さを測るなら，0.1 mm の桁まで（目分量で）読み取るのが普通である．つまり，このとき，数字として意味をもつのは 4 桁（15.01 cm）である．同じ 15 cm 程度のものの長さを測って，差を計算する場合には，どうなるだろうか．やはり 0.1 mm より小さい違いはわからないに違いない．つまり，小数点以下 2 桁しか意味がない．このため，引き算をすると 1.23 cm（3 桁）や 0.34 cm（2 桁）のように，意味のある桁は減ってしまうことがある．

　同じ物差しを使って 10 m 程度のものの長さを測る場合にはどうか．このときに，もし 0.1 mm の桁まで測定できるなら，物差しを移動して目盛りを継ぎ足すことでいくらでも有効数字を増やすことができることになる．残念ながら一般には，この場合，0.1 mm の桁まで読み取るこ

とは困難である．物差しを移動して目盛りを継ぎ足すときには 0.1 mm 程度必ず誤差が伴う．これを繰り返せば不確かさがどんどん大きくなる．また，これとは別に，目盛りそのものがどれくらい正確かも問題になる．もともと目分量で 0.1 mm の桁までしか読み取れなかったのだから，1 mm の目盛りが 1.2 mm である可能性もあったわけである．

測定結果について計算を行う場合，一般には，足し算と引き算では小数点の位置に注意して同じ桁までを残し，かけ算と割り算では有効数字の桁数が同じになるように計算を行う．現在では計算機の利用が普通になったので，実際問題としては計算過程で有効数字について考慮する必要は少なくなったが，最終結果については適切な有効数字で記載しなければならない．

最近は測定機器がコンピュータ化され測定結果をデジタル表示（数値表示）するものが増えてきた．数字で示されるとその数字が完全に（曖昧さなく）信頼できると思いがちであるが，これは事実に反する．少なくとも最後の桁に幾らかの不確かさを伴う．さらに，絶対値としては（確度としては）3 桁しか信頼できなくても，5 桁の分解能と再現性（精度）をもつような測定機器も存在する．機器ごとに様々であるから，仕様を確認しなければならない．有効数字としてどれだけを使うかは，その測定における確度と精度の相対的重要性を勘案して決定する必要がある．

練 習 問 題

A. 面積あたりのエネルギーと長さあたりの力の単位が同じになることを確認せよ．
B. すべての SI 基本単位を，どういう物理量の単位かを含めて答えよ．
C. N 回測定したある量 m の平均値 $\langle m \rangle$ からの各測定値のずれの平均 $\langle m - \langle m \rangle \rangle$ が意味をもたないことを説明せよ．
D. 精度と確度のいずれが重要かを討論してみよ．

参 考 書

国際純正・応用化学連合（IUPAC），『物理化学で用いられる量・単位・記号』[12]（日本化学会 監修，産業技術総合研究所計量標準総合センター 訳），講談社サイエンティフィク，2009 年．
一瀬正巳，『誤差論』，培風館，1953 年．
千原秀昭 監修，徂徠道夫・中澤康浩 編，『物理化学実験法　第 5 版』，東京化学同人，2011 年．

[12] この版には 2018 年に行われた SI の改訂（基本単位の定義の変更）が反映されていない．

Column・コラム・2
籠状分子の構造とオイラーの多面体定理

穴の開いていない多面体の面の数 (f),辺の数 (e),頂点の数 (v) の間には

$$v - e + f = 2 \quad (C2.1)$$

という関係がある[†1].これを**オイラーの多面体定理**とか**多面体公式**という.ここでは C_{60} などに代表される籠状分子(**フラーレン類**)について考えてみる.頂点に原子が存在することと,炭素原子に通常許される結合角を考慮して,籠の表面を構成する多角形は六角形と五角形に限られるとしよう[†2].六角形の数を n,五角形の数を m とすると面の数は

$$f = n + m \quad (C2.2)$$

である.それぞれの六角形と五角形の全ての辺の数は $6n + 5m$ であるが,それぞれの辺は多角形の2面に必ず共有されるから,分子の辺の数,すなわち結合の数は

$$e = \frac{6n + 5m}{2} \quad (C2.3)$$

である.結合の数は整数に限られるから,これから直ちに m が偶数に限られることがわかる.頂点の数は,構成する多角形の頂角を考慮すると全ての頂点が三つの面に共有されているので

$$v = \frac{6n + 5m}{3} \quad (C2.4)$$

となる.5と3が互いに素であることから,m が3の倍数であることが結論できる.先の偶数という結論と併せると,m は6の倍数に限られる.こうして得た面の数,辺の数,頂点の数を式 (C2.1) の左辺に代入すると

$$v - e + f = \frac{6n + 5m}{3} - \frac{6n + 5m}{2} + (n + m)$$

図 C2.1 C_{60} 分子

$$= (2 - 3 + 1)n + \left\{\left(\frac{5}{3}\right) - \left(\frac{5}{2}\right) + 1\right\}m$$

$$= \frac{m}{6} \quad (C2.5)$$

となる.多面体定理により,これが2に等しいから,$m = 12$ であることがわかる.ここで考えてきた条件を満たす分子で最小のものは,$n = 0$,$m = 12$ の正十二面体型分子ドデカヘドラン $((CH)_{20})$ である.

これまでに様々な籠状分子が実際に発見されているが,その多種多様な分子構造は幾何学と無関係ではいられない.最も有名な C_{60} にも五角形が12個ある.一方で,同定されてきた多くのフラーレン類は孤立五員環則(IPR:Isolated Pentagon Rule)という経験則を満たすことが知られている.これは幾何学ではなく分子の安定性という化学的事情に基づいている.

グラファイト(黒鉛)の一層をはぎ取った形の分子をグラフェン,それを筒状に丸めた分子をカーボンナノチューブという.端の開いた(穴の開いた)ナノチューブには上述の形での多面体定理は適用できない.一方,どんなに細長くても両端が閉じたナノチューブには五角形がきっちり12個含まれることを,式 (C2.5) は教えている.

[†1] 三角形のような平面図形も,面を裏と表で別のものとして数えればこの関係を満たす.
[†2] この制約をはずせばもっと極端な形の分子も可能である.たとえば,全ての面が正三角形の正四面体型分子 $(CH)_4$ をテトラヘドラン,全ての面が正方形の正八面体型分子 $(CH)_6$ をキュバンという.

3章 物質の歴史

●この章のねらい●

・物質に歴史があることを説明できる
・原子核の壊変について説明できる

化学は物質の多様性にかかわる学問であり，身の回りの自然には化学的多様性が満ちあふれている．しかし，物質世界は，はじめからそのような多様さをもっていた訳ではなかった．したがって，物質に歴史性を見出すことは，基本的な物質観として重要である．また，それだけでなく，生命が作り出した化学的多様性は，化学という学問を進める上で非常に示唆的でもある．

3.1 元素合成

■宇宙の始まり

宇宙は 138 億年前にビッグバンと呼ばれる大爆発と共に生まれたという．時間が経過すると宇宙の膨張と共に温度が下がり，はじめの 3 分ほどの間に陽子と中性子から重水素 (^{2}H)，ヘリウム (^{4}He)，リチウム (^{7}Li) などの軽元素核が合成されたと考えられている．このときの平均熱エネルギーはこれら軽元素のイオン化エネルギーより大きかったので，原子は完全にイオン化した状態にあった．このような状態を**プラズマ**という．その後 30 万年ほど経って温度が 3000 K ほどに低下すると，電子と原子核が結合した中性原子が大部分を占めるようになった．こうしてようやく，私たちがよく知っている化学物質を主体とする世界ができあがったことになる．なお，最新の宇宙科学の成果によれば，化学の対象となる「普通の物質」は，全宇宙の 5 % 以下であるともいわれている[*1]．

*1 ここでいう「物質」は，人類が直接検出するすべをもつ通常の物質を指す．基本的には元素からなる物質世界とその外延である．これら以外に重力の効果によってのみ存在が知られている暗黒物質（ダークマター）と，宇宙膨張の様子を説明するのに必要とされる暗黒エネルギー（ダークエネルギー）の存在が知られている．

■原子核の結合エネルギー

宇宙の始まりから30万年ほどが経過して「普通の物質」からなる世界ができたとしても，この段階では軽元素しか存在していないので，現在，私たちが目にするような物質世界の多様性は望むべくもない．重元素も含めた様々な元素が存在することが，物質世界の多様性を担保しているわけである．

宇宙空間に漂う軽元素を主体とする物質が万有引力によって互いに引き合い，塊を作る．重力エネルギーが熱に変わって，中心部では高温高圧になる．一定の条件を満たすと，水素やヘリウムの原子核が結合してより重い原子核を作るようになる．原子核が直接関与する反応を**核反応**という．たとえば，2個の重水素核からヘリウム原子核を作る反応

$$2\ {}^{2}\mathrm{H}^{+} \longrightarrow {}^{4}\mathrm{He}^{2+}$$

を考えることができる[*2]．核反応で発生したエネルギーが熱となって輝くようになった星が恒星である．

恒星の内部で進行する核反応でどのような元素が合成され得るかは，原子核の結合エネルギーを見ると推測できる．反応によってエネルギーが低くなるなら反応が進むと考えられるからである[*3]．結合エネルギーを求めるには，アインシュタインが明らかにした質量 (m) とエネルギー (E) の等価性 ($E = mc^2$, c は真空中の光速) を利用する．まず，原子核の質量 (M) と原子核を構成する陽子の質量 (m_{p}) と中性子の質量 (m_{n}) の総和の差

$$\Delta m = (Z m_{\mathrm{p}} + N m_{\mathrm{n}}) - M \qquad (3.1.1)$$

を計算する．ここで，Z は陽子数すなわち原子番号，N は中性子数である．Δm を**質量欠損**という．アインシュタインの関係により，質量欠損 Δm は原子核の結合エネルギーに比例する．核子（陽子と中性子）1個あたりの結合エネルギー $\Delta m c^2 / (Z + N)$ を計算すると図3.1が得られる．正の値が得られたということは，核反応によって核子から原子核が合成されると確かにエネルギーが低下し，安定になることを示している．結合エネルギーは $Z = 20 \sim 30$（Ca〜Zn）付近で大きく，鉄（$Z = 26$）で最大である．つまり，核子から原子核を作る反応を考えると，鉄の原子核があらゆる原子核の中で最安定であることになる．

図3.1の縦軸の単位である MeV は，e を電気素量として $10^6\,e\cdot(1\ \mathrm{V}) \approx 1.6\cdot10^{-13}\ \mathrm{J}$ である（1 mol では $10^6\,F\cdot(1\ \mathrm{V}) \approx 96.5\ \mathrm{GJ\ mol^{-1}}$, F はファラデー定数）．原子核の結合エネルギーは化学反応にかかわるエネルギー（およそ eV の程度）より何桁も大きいことがわかる．したがっ

[*2] この反応は実際に恒星の中心で起きている．この反応では反応式の左辺と右辺で電荷だけでなく陽子と中性子の数が保存されているが，必ずしもこれは必須ではない．

[*3] これは斜面にボールを置いたときに位置エネルギーの大きい（「高い」ともいう）場所からより小さい（「低い」）場所へ移動するのと同じ事情である．ただし，最安定核である「Feだけ」になってしまっているわけではないので，エネルギーに着目するだけでは，実は不十分である．

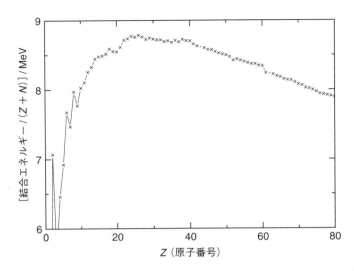

図 3.1 存在量の最も多い安定同位体核の結合エネルギー（核子1個あたり）

て，化学反応において原子核は全く影響を受けないと考えてよい．逆に，同位体は化学的にはほとんど同じ性質を示すともいえる*4．ここに自然の階層性（1章）の物質的根拠の一端を見ることができる．なお，室温程度の気相において分子がもつエネルギーはおよそ meV の程度であり（8章），「分子の運動」を考えることの妥当性にも同様の事情がある．

■ **恒星における元素合成**

恒星の内部で進行する元素合成反応は，温度に応じて次のように考えられている．以下では元素合成研究の習慣に従って燃焼という表現を用いるが，通常の意味の「燃焼」とは異なっていることは言うまでもない．なお，ここで考えている核反応は，正電荷をもつ原子核同士の反応が主体であることを強調しておく．

$T \approx 2 \cdot 10^7$ K	水素燃焼による ^{4}He の合成
$T \approx 2 \cdot 10^8$ K	ヘリウム燃焼による ^{12}C および ^{16}O の合成
$T \approx 7 \cdot 10^8$ K	炭素燃焼による（Ne～Al）の合成
$T \approx 1.5 \cdot 10^9$ K	ネオン燃焼による Mg の合成
$T \approx 3 \cdot 10^9$ K	酸素燃焼による（Si～Ca）の合成
$T \approx 4 \cdot 10^9$ K	ケイ素燃焼による（Cr～Cu）の合成

この最終段階で最も安定な Fe が合成される．錬金術が目的とした元素の変換は，化学反応という「普通の方法」では無理で，核反応という非常に大きなエネルギーの世界でのみ可能なのである．逆に言うと，日常

*4 同位体の濃縮が可能なことからわかる通り，厳密に同じではない．一般に差は軽元素ほど大きくなる．また，ヘリウムでは量子力学的な効果が大きく，^{4}He（通常の同位体）と ^{3}He（原子炉で「合成」される）では液体の性質が大きく異なる．

的に核反応が起こるような世界では，もはや元素は相互変換可能なものと認識され，「化学」は成立しなかったと考えられる．

実際には，恒星の寿命やどの段階まで元素合成が行われるかは恒星の質量によって決まっている．現在の太陽は水素燃焼の段階にあり，あと50億年ほどはほぼ同じ状態を保つと考えられている．一方，太陽の10倍以上の質量の恒星では，最後のケイ素燃焼の末に中心に Fe のコアが形成されるが，燃え尽きた後に重力に抗しきれず重力崩壊を起こし，超新星爆発の後に中性子星やブラックホールが残されると考えられている．超新星爆発で宇宙空間にまき散らされた元素は，次に誕生する恒星の素になる．

■重元素の合成

図3.1から，逆反応を考慮すると Fe より原子番号の大きい元素を合成することができないことがわかったが，実際には，図3.2に見られる通りそうした元素が存在し，物質世界を豊かにしている．これらはどのようにして合成されたのだろう．

ある種の超新星爆発においては，中性子が非常に過剰になる状態が実現すると考えられている．先に考えていた原子核同士の反応の場合と異なり，中性子は電荷をもたないので原子核との衝突において電気的斥力を受けず，反応しやすい．原子核が中性子と反応して質量数を増やす現象を中性子捕獲という．一般に中性子過剰な核は不安定で寿命をもつが，中性子が非常に高密度に存在する場合には，壊変する以前に次の中性子を捕獲するだろう．こうしてできた中性子過剰な原子核は，電子を放出することによって安定化することができる．このように，原子核が電子を放出することにより原子番号の一つ大きい他の原子に変化することを **β壊変** という．現在では，中性子捕獲と β壊変を繰り返すことにより重元素が合成されたと考えられている．このようなメカニズムが妥当と考えられることは，存在量の多い元素が特定の中性子数の付近に集中していることに現れている．これは，原子核が特定の中性子数をもつときに特に安定になることに起因している．このときの「特定の数」を **魔法数** という．原子が特定の電子数で相対的に「安定」になるのと似た事情である．

■元素存在度

宇宙の元素組成は，恒星内部における元素合成によって刻々と変化している[*5]．さらに，先に述べた通り，恒星を形づくっている物質は星の

*5 次節で学ぶ原子核の壊変による変化もある．

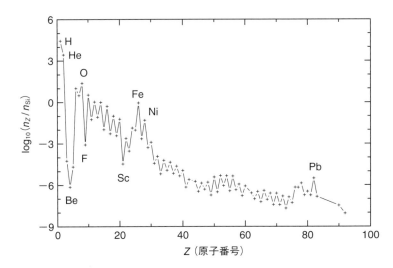

図 3.2 太陽系の元素存在度（アンダースとグリヴェッセによる）
（Si に対する相対存在度）

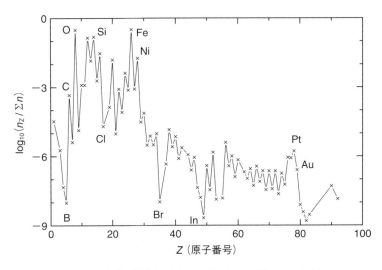

図 3.3 地球の元素組成（モーガンとアンダースによる）

誕生・進化・死を通じて「輪廻転生」している．この意味で，私たちの身の回りの物質世界の元素組成は，その前史を含め太陽系の歴史を反映している．現在，考えられている太陽系の元素組成を図 3.2 に示す．この組成は，原子が特定の波長の光を吸収するために太陽光線のスペクトルに暗線（**フラウンホーファー線**）が現れること，その強度が元素存在量に比例することや，太陽系誕生時の組成を保存していると考えられる隕石の分析などによって決定されたものである[*6]．

原子の数で比較をすると水素が圧倒的に多く，90% 以上を占める．

[*6] 最近では，太陽系誕生の頃の状態をとどめていると期待される小惑星から試料を持ち帰る宇宙探査も行われている．

32 | 3章 物質の歴史

次がヘリウムであり，この両者で99.9%に達する．つまり，私たちの身の回りの物質世界の多様性は，太陽系全体から見ればほんの0.1%の原子によってもたらされている．実はこれは驚くには当たらない．太陽系の質量のほとんど（99.87%）が太陽に集中しているからである．鉛の存在度が顕著に大きいのは，より重い核種の全てが不安定で寿命をもつのに対し，鉛には安定な同位体核種が存在するためである（次節参照）．実際，最も大きな質量数をもつ安定核種は ^{208}Pb である．

地球の元素組成を図3.3に示す．全体的には図3.2と類似性が認められないわけではないが，いくつかの元素の存在量が著しく少ないなど，異なった特徴もある．地球誕生の段階での組成は，水素，ヘリウムのような気体を除けば太陽系全体の組成と大きく違わなかったと考えられるから，現在の地球の元素組成は歴史の産物である．地球が太陽系と異なった特徴をもつのは，各元素の性質により宇宙空間に逃げ去ったりしたためで，この意味で元素組成は「化石」としての意味をもっているともいえる．実際，オクロの天然原子炉（次節）は，ウランの同位体組成の異常をきっかけに発見された．現在の地球では，大気（N，O，Hなど），海洋圏（H，O，Nなど），地殻・マントル（O，Si，Al，H，Na，Ca，Fe，Mg，Kなど），コア（Fe，Niなど）の化学的組成はそれぞれで著しく異なっている．

3.2 原子核の壊変と放射線

■不安定核の壊変

元素合成の過程で現れた中性子過剰な原子核のように，不安定な原子核は自発的に壊変し，安定化する．この事実の発見は，「原子の不変」という化学の前提を根底から揺るがす事件であったといえるだろう．

放射線を発することから，自発的に壊変する不安定な原子核を**放射性核種**という．壊変の様式としては，先述の β 壊変の他に，α 粒子（ヘリウム原子核，^{4}He^{2+}）を放出する **α 壊変**，原子核が核外の電子を捕獲する **EC 壊変**（電子捕獲壊変），高エネルギーの光子を放出する **γ 壊変**，および**自発的核分裂**がある．β 壊変には電子を放出する **β^- 壊変**だけでなく，陽電子[*7]を放出する **β^+ 壊変**もある．α 壊変では核の電荷が $2e$ だけ減少し（電荷の保存），原子番号 Z が2小さくなる．β 壊変・EC 壊変では，放出・捕獲されるのが電子か陽電子かによって核の電荷が e だけ増減し原子番号も変化する．光子は電磁波の量子（4章）なので，γ 壊変

*7 電子の反粒子．電子と陽電子には電荷の正負以外に属性に違いが無い．陽電子は電子と出会うと対消滅という現象を起こして複数の γ 線になる．同様に，反陽子なども存在し，それらを総称して反物質という．身の回りの世界が反物質ではなく「物質」でできている理由は物理学の最先端の課題である．

3.2 原子核の壊変と放射線 | 33

では核の電荷に変化は無く原子番号も不変である．壊変に際して放出されるα粒子，電子，光子を，それぞれα線，β線，γ線といい，これらを総称して**放射線**という．放射線を出す物質を放射性物質[*8]，放射線を出す能力を放射能という．図3.1からわかる通り，核反応のエネルギーは非常に大きいので，放射線のエネルギーは，化学反応に伴うそれに比べて極めて大きい．

■**半減期**

実験によれば，壊変する原子核と崩壊の様式を指定すると，壊変は完全に確率的に起こる．ここでいう確率的とは，特定の原子核に注目したときに，いつ壊変が起こるかは全く予想できないが，一定の時間内に壊変する確率はしっかりわかる（実験的に決められる）ということである．原子核がN個（大きな数）あるとき，原子核1個が単位時間あたり壊変確率λで壊変するなら，原子核の数の減少量$-\Delta N$は，時間Δt内の壊変数に等しいから

$$-\Delta N = \lambda N \Delta t \qquad (3.2.1)$$

と書ける．これは，Δtを小さくした極限において反応速度（$\mathrm{d}N/\mathrm{d}t$）を用いて

$$\frac{\mathrm{d}N}{\mathrm{d}t} = -\lambda N \qquad (3.2.2)$$

と書き直すことができる[*9]．反応速度（左辺）が反応物の量に比例するこのような反応を**一次反応**という．放射性原子核の壊変は，壊変様式が1種類であれば一次反応である．以下ではその場合を考える．

式 (3.2.2) を積分するとNの時間依存性が

$$N(t) = N_0 e^{-\lambda t} \qquad (3.2.3)$$

と求められる．ここでN_0は時刻$t = 0$における原子核の数である．式 (3.2.3) から，時間が$\tau = 1/\lambda$だけ経過すると残った原子核の数が$1/e$になることがわかる．τを平均寿命という．原子核の数が半分になる時間$t_{1/2}$も一定であり，

$$\frac{N(t + t_{1/2})}{N(t)} = e^{-\lambda t_{1/2}} = \frac{1}{2} \qquad (3.2.4)$$

から

$$t_{1/2} = \frac{\log_e 2}{\lambda} = \frac{\ln 2}{\lambda} \qquad (3.2.5)$$

であることがわかる．$t_{1/2}$を**半減期**という．放射性核種の平均寿命や半減期は，原子核の置かれた環境（化学形態，温度，圧力など）には全くといってよいほど影響を受けない．ただし，EC壊変は「核外電子の捕

[*8] 放射性物質はあいまいな用語であり，日常生活を行っている空間に存在する程度の放射性核種は考えないことが多い．一方で，直接的に被害が発生する危険性や核兵器への転用も考えられるため，その取り扱いについて法令による規制がある．

[*9] 変化量を連続的と考えることができるほどNが大きい必要がある．「最後の1原子の壊変」などということを考えてはいけない．

*10 たとえばC_{60}の内部に閉じ込めた^7Beの半減期は孤立原子状態に比べ0.83%だけ短い.

*11 ^{209}Biの半減期は知られている限り最長で,$1.9 \cdot 10^{19}$yとされている.

*12 α壊変により質量数が4だけ変化するので,質量数が$4n$,$4n+1$,$4n+2$,$4n+3$の4種類の壊変系列がある.これらの最終核種は安定(寿命が無限大)であり,それぞれ^{208}Pb,^{205}Tl,^{206}Pb,^{207}Pbである.

*13 最近,大気中の雷によっても同様の核反応が引き起こされていることがわかってきた.

*14 燃料となるウラン中^{235}Uの濃度だけでなく,量,物質の形,衝突する中性子のエネルギーなど.

獲」という他の様式にない特徴をもつため,核の置かれた化学的環境にわずかに依存する*10.

半減期は原子核の種類によって様々で,極めて短いものから,宇宙の年齢をはるかに超える長いものまである*11.式 (3.2.3) から,同じ数の放射性原子核があるとき,平均寿命あるいは半減期が長いものほど放出される放射線の量は弱くなり,短いものほど強くなる.寿命の長い元素は恒星内での燃焼反応や超新星爆発によって作られ天然に存在するのに対し,寿命の短い元素は合成されても宇宙の歴史において無くなってしまいそうである.にもかかわらず,寿命の短い元素が天然に見出される理由の一つに,寿命の長い不安定核が寿命の短い不安定核に常に壊変していることがある.放射性核種が安定な原子核に行き着くまで壊変を続ける際にたどる核種の系列を**壊変系列**という*12.寿命の短い元素が天然に見出されるもう一つの理由に,**宇宙線**(宇宙から飛来する放射線)によって大気圏内で不安定核の生じる核反応(たとえば$^{14}N \rightarrow {}^{14}C$)が定常的に起きていることがある*13.宇宙線環境が一定であると仮定すれば,宇宙線が作る放射性核種の割合は定常的なはずなので,地質学的あるいは考古学的な試料中の同位体存在比の定量によって歴史資料の年代測定が可能になる.

■連鎖反応

常識的な意味での「環境」は,上述の通り放射性原子核の壊変にほとんど何も影響を与えないが,高エネルギーの中性子が頻繁に原子核に衝突する等の「非日常的な環境」では核反応が生じ,放射能の減衰の速さに変化が起こる.たとえば,天然のウランの大部分は非分裂性の^{238}U(半減期$4.46 \cdot 10^9$ y)であるが,0.7%含まれる^{235}U(半減期$7.04 \cdot 10^8$ y)は自発的核分裂を起こす.このとき,2ないし3個の中性子を放出する.^{238}Uは中性子を捕獲しても核分裂しないが,^{235}Uは中性子を捕獲すると不安定になって速やかに核分裂を起こす.このときも数個の中性子を放出する.したがって,^{235}Uの濃度が高く,放出された中性子を他の^{235}U核が捕獲するという条件*14が満たされると,1個の原子核の壊変をきっかけに,核分裂が連鎖的に起こることになる.このような反応を**連鎖反応**という.このとき核反応に伴う大きなエネルギー発生が起こる.連鎖反応が急激に進行すると核爆発になる.一方,連鎖反応が穏やかにかつ継続的に起こるよう工夫された装置を原子炉という.連鎖反応の仕組みを単純に考えると「穏やか,かつ継続的に」連鎖反応を起こさせるには相当に微妙な条件が必要なことが想像されよう.しかし,実は,人為的

に作った原子炉以前に，約20億年前にガボンのオクロという地に「天然の原子炉」が約20万年間にわたって存在したことが知られている．この時代には地球上の放射性元素の同位体組成が今とは異なっており（^{235}U の割合が高かった），原子炉が働く条件が自然に作られ得た．ちなみに天然原子炉の可能性は，1972年の実際の発見をさかのぼること16年，1956年に地球化学者の黒田和夫が指摘していた．

■放射能による放射性物質の定量

壊変が完全に確率的な現象であったことを踏まえると，放射性物質の量は壊変数に基づいて定量することもできることになる．1 s で壊変数が1になる（つまり，1個の原子が壊変する）放射性物質の量を **1ベクレル**（記号：**Bq**）という．式 (3.2.1) から $-\Delta N/\Delta t = 1\,\mathrm{s}^{-1} = \lambda N$，つまり $N = (1/\lambda)\mathrm{s}^{-1} = \tau/\mathrm{s}$ のとき 1 Bq である．放射線のエネルギーは，先に述べた通り原子レベルの現象としては非常に大きいので，例外的なことに，原子核1個毎の壊変を実験的に捉えることができる[*15]．このため，一般的な放射性物質の 1 Bq は，通常の化学が取り扱う物質の量に比べると非常に少量になる[*16]．たとえば，平均寿命 $\tau = 30\,\mathrm{y} = 30 \cdot 365 \cdot 24 \cdot 3600\,\mathrm{s} \approx 9.5 \cdot 10^{8}\,\mathrm{s}$ の放射性核種の 1 Bq は $9.5 \cdot 10^{8}/6.0 \cdot 10^{23} \approx 1.6 \cdot 10^{-15}\,\mathrm{mol} = 1.6\,\mathrm{fmol}$ である．こうした特徴を利用した **放射化分析** という極微量分析法がある．

[*15] 2012年にわが国初の新元素ニホニウム (Nh) の合成が話題になったが，原子1個ずつを捉える実験が行われたのは言うまでもない．新元素として認定されるまでに3原子が検出され，それぞれ独立に原著論文として報告された．

[*16] それでも，物を1個，2個と数える日常の感覚からすると，原子核の数は膨大である．

3.3 物質進化

■宇宙空間における物質進化

宇宙空間には核反応によって生じた種々の元素が存在している．これらが長い時間をかけて化学反応を繰り返し，現在，目にするような豊かな物質世界を形づくってきた．こうした歴史の全体を **物質進化** という．

宇宙空間において最も多い分子はやはり水素（H_2）とヘリウムである．この次に多い分子は CO であるといわれている．これらは分子分光学を応用した電波望遠鏡による観測で検出される．生命の起源や「宇宙生物」とのかかわりで，有機分子が精力的に探索されているのはよく知られている．

宇宙空間は，地上で実現できる最高の真空度よりもさらに3桁ほど「からっぽ」の超高真空であるから，通常の条件では他の原子・分子との衝突で壊れてしまう「不安定」な分子も存在できる．たとえば直線状

の $HC_{11}N$ などという分子も発見されている．これは，一方で，分子進化には長い時間が必要であったことをも意味している．

■生命と地球

地球上では水の存在という稀な条件が幸いして，長い時間をかけた物質進化の後に，複雑な有機化合物の運動形態として生命が誕生した．生命を物質科学としてどのように理解するかは最先端の研究課題であり，その一端は**生物化学**で学ぶことになろう．いずれにせよ，非常に多種類の化学物質を高度に制御された形で配置・配列し，またそれらの化学反応を実現している．たとえば，**酵素**が特定の反応のみを選択的に触媒し，あるいは**分子機械**が非常に高い効率で化学エネルギーを仕事に変換していることはよく知られている．これらは約 40 億年という気の遠くなる長い年月をかけて生命が多数の実験を繰り返して獲得した仕組みであり，生命の作った化学的多様性といえる．こうした仕組みを人工的・化学的に実現しようという試みが，物質開発を指向した研究分野（有機化学，無機化学，材料化学など）で活発に行われている．

生命はその生存のための物質的な仕組みを発達させてきただけではなく，環境に対しての働きかけも行ってきた．たとえば植物の光合成によって大気中の酸素濃度が増加したことはよく知られている．人為起源の大気中 CO_2 濃度の上昇も「働きかけ」の結果である．

身の回りには人工的に新規に合成された化学物質があふれている．これらも考え方によっては生命の作り出した化学的多様性ともいえる．ここでの化学の能動的な重要性はいうまでもない．

■放射線と物質

何度も強調するように，放射線のエネルギーは原子レベルの現象としては非常に大きいので，放射線と物質が相互作用するとき，化学反応に基づく現象にあふれた「日常生活で培った常識」は破綻を来す．たとえば，放射線被曝量の単位として使われる**シーベルト**（記号：**Sv**）を考える[17]．1 Sv は生体組織 1 kg あたり 1 J のエネルギーを吸収した状況を表す[18]．このエネルギーの大きさは，およそ 10 cm の高さから飛び降りて獲得する位置エネルギー（$mg\Delta h \approx$ m・$(9.8\,\mathrm{m\,s^{-2}})\cdot(10\,\mathrm{cm}) = (0.98\,\mathrm{J})\cdot$ m）に過ぎない．ところが，これだけの放射線を全身に浴びると，深刻な急性放射線障害が発生することが知られている．これは，「1 粒」の放射線が非常に大きなエネルギーをもち，非常に多数の分子と相互作用してイオン化，結合切断などの影響を及ぼすからである．物質が豊富にあ

[17] 単位記号 Sv をボールドにしているのは強調のため．

[18] 組織荷重係数はここでは無視する．詳細は章末の参考書（田崎）などを参照のこと．

るところ（たとえば地球上）において，放射線が物質進化に大きな影響を及ぼしたことは間違いないといえる．

その一方で，放射線と無関係な環境を作ることは実際にはできない．たとえば，宇宙線を完全に遮蔽することは困難であるし，生命に必須の元素であるカリウムには約 0.01% の放射性同位体 ^{40}K（$t_{1/2} = 1.248 \cdot 10^9$ y）があり，成人男子の体内に常時約 4000 Bq の ^{40}K が蓄積されている（体重 60 kg の場合）．

練 習 問 題

A. 陽子と中性子とから ^{56}Fe の原子核を合成したときに放出されるエネルギーを計算せよ．
B. 地球を構成する全原子数の概数を計算してみよ．
C. 太陽が水素原子のみからなると仮定して原子数を計算せよ．
D. ウラン同位体の寿命を調べ，オクロの天然原子炉が機能していた 20 億年前のウランの原子量を計算してみよ（^{234}U は無視してよい）．

参 考 書

野本憲一 編，『元素はいかにつくられたか —超新星爆発と宇宙の化学進化—』，岩波書店，2007 年．

海老原 充，『太陽系の化学』，裳華房，2006 年．

田崎晴明，「やっかいな放射線と向き合って暮らしていくための基礎知識」
　ウェブ上：http://www.gakushuin.ac.jp/~881791/radbookbasic/
　印刷体：朝日出版社，2012 年．

Column・コラム・3
紐状高分子と結び目

DNA，タンパク質などの生体高分子あるいはポリエチレンなどの高分子は，いずれも一次元的に非常に細長い構造をもつ．この分子形状の幾何学的な特徴のため，一般の低分子とは異なる性質をもつことが予想される．実際，鎖状高分子の融体（あるいは濃厚溶液）は分子の絡み合いによって独特の性質を示す．ここで，分子の両端をつないでしまうと絡み具合が固定される．こうした閉じた輪の絡み具合を研究する数学が**結び目理論**である．環状高分子の拡散係数（重心移動の「速さ」）は鎖状高分子とは異なる性質をもつことが証明されており，また結び目の種類にも依存すると考えられている．

多くの高等生物の DNA は環状に閉じてはおらず，その末端にテロメアと呼ばれる部分があ

図 C3.1　単純な「輪」と異なる最も簡単な結び目（三葉結び目）

る．テロメアの短縮は老化に関わるともいわれている．一方，両端が繋がった環状の DNA をもつ生物（原核生物）もおり，こうした生物の細胞は無限に分裂を繰り返す．DNA の結び目の研究は，酵素などによる化学過程がどのように機能しているかについて情報を与えるとされている．

4章 量子力学へ

●この章のねらい●

・20世紀初頭に量子力学が必要とされたことを納得する
・化学と量子力学の関係を知る

高校までの化学と現代的化学が決定的に違う点は，量子力学という原子・分子の世界（ミクロの世界）の力学によって様々な化学現象を理解しようとすることであろう．物理学を履修しなかった読者にとって最大の難問といってよい．この章では量子力学が発見される過程をかいつまんで振り返り，何故，学ぶ必要があるのかを「納得する」ことにする．

4.1 量子力学以前の自然理解

■概観

20世紀は，原子論・分子論が確立し，そこでの力学である量子力学の解明によって，物質科学の爆発的な飛躍とそれによる人間社会の大変革が起こった．それでは，19世紀までにはどれほどの事がわかっていただろうか．

I. ニュートンが**古典力学**を完成させて『自然哲学の数学的諸原理』（プリンキピア）を出版したのは1687年である．J.C. マクスウェルが"マクスウェルの方程式"を導いて**古典電磁気学**を完成させたのは1864年であるといわれている．**熱力学**についてはどの時点で完成したとするかについて判断が難しいものの，J.W. ギブズ（1876年および1878年）やH.L.F.v. ヘルムホルツ（1882年）によって現在のような多彩な応用を可能とする形に仕上げられた．このように，おおよそ目で見える世界につ

いては，それを支配する基本法則（**古典物理学**）は解明されていた．

一方，陰極線が荷電粒子（実は電子）の集まりであることが明らかにされたのは 1897 年で，19 世紀も終わりに近い頃であった．後述する通り原子核の発見は 1911 年であり，**統計力学**は L.E. ボルツマンにより完成していたが（1887 年頃），原子論そのものの確立は 20 世紀初めを待たなければならなかった．このように，19 世紀は，見える世界については理解が終わり，見えない世界については知らない，という状況にあったといえる．なお，アインシュタインが**相対性理論**を発表したのは 1905 年（特殊相対性理論）と 1916 年（一般相対性理論）である．相対性理論も古典物理学に含めることが多い．

本節を含め，この章で取り上げる科学史上の事項を図 4.1 にまとめておく．

以下では，次節以降を読み進める上で必要となる最小限の事項をまとめておく．必要でない読者は次節へ進んでよい．質点の力学については付録 A で一通り解説している．波動については必要な範囲で 4.4 節において数式を使った説明を行っている．

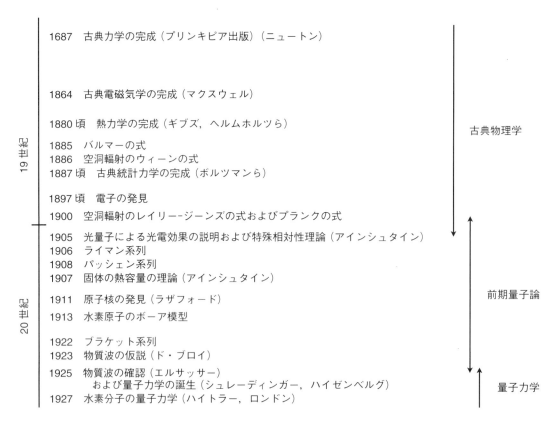

図 4.1 本章で取り上げる科学史上の事項

■物体の運動

ニュートンは物体の運動の法則（力学）を発見し，いくつかの物理量が運動を行っても一定に保たれることを確立した．こうした一定に保たれる物理量を**保存量**という．数ある保存量のうち，最も有名なものに**エネルギー**がある．エネルギーの保存則（あるいは，エネルギー保存の法則）は，あらゆる物理法則の中で最も基本的なものの一つであり，力学的エネルギー以外のエネルギーを含める形に一般化されると熱力学の第一法則（9章）になる．

質量 m の物体が速度 v で運動しているとき，その物体のもつエネルギーは $m|v|^2/2$ である．エネルギーは運動の方向を区別しない**スカラー量**である．身の回りの物体の運動に関する経験に立つ限り，運動の速さ（速度の絶対値）は正または0の任意の数（実数）を取り得るので，エネルギーもまた任意の実数である．つまり，エネルギーは連続的に変化し得る量であると考えられる．物体のエネルギーは他から仕事をされない限り一定に留まる．

ニュートンが示した他の保存量に**運動量**がある．質量 m の物体が速度 v で運動しているとき，その物体の運動量は mv である．運動量は大きさに加えて方向ももつ**ベクトル量**である[*1]．いかにも「運動を特徴付けている」感じの量である．運動量は外力を受けなければ一定に留まる．外部と相互作用していない「全体」[*2] の運動量の和が一定になる．たとえば2物体の衝突では，衝突の前後でそれぞれの物体の運動量の和が一定に留まる．身の回りの物体の運動に関する経験に立つ限り，エネルギーの場合と同様，運動量の大きさもまた任意の実数であると考えられる．

物体に外力が働かなければ物体の位置ベクトル r と運動量ベクトル p の外積[*3] で定義される**角運動量**が保存する．すなわち，$l = r \times p$ である．その大きさ（絶対値）は，外積の性質から，ベクトル間の角度を θ として $|r||p|\sin\theta$ である．角運動量の大きさもまた任意の実数であると考えられる．

太陽の周りを地球が回る場合のように，中心に向き，その大きさが距離だけの関数になっている力が物体に働いていると考えてよい場合がある．このとき，物体に働いている力を中心力という．円運動では回転の中心を座標の原点に取ると常に $\theta = \pi/2$ のため，角運動量の大きさは $|r||p| = m|v||r|$ に等しい．中心力が働いている場合の角運動量の保存則は，17世紀はじめに J. ケプラーが明らかにした天体運行に関する第

[*1] ベクトル量は太字で表す習慣がある．

[*2] このように，議論の対象となる部分を**系**ということもある．系の意味は文脈ごとに異なる．ここでは「他との相互作用を考えなくてよくなるような議論対象全部」を系と考えるが，熱力学（9章）では，外界と系の相互作用の仕方を規定して議論を進める．

[*3] $a = (x_a, y_a, z_a)$ と $b = (x_b, y_b, z_b)$ の外積を成分で表すと $a \times b = (y_a z_b - z_a y_b, z_a x_b - x_a z_b, x_a y_b - y_a x_b)$. あきらかに $a \times b = -b \times a$.

2 法則（面積速度一定の法則）に他ならない．

■波の性質

　物質自体が移動しなくても運動が伝わることがある．これを**波動**（あるいは**波**）という．静かな水面に小石を投げ込み，その位置から遠いところを観測すると，波が到達する以前には運動が無く（運動エネルギー ＝ 0），波が到達すると運動を始める．この運動による運動エネルギーは，ρ を密度（単位体積あたりの質量）として単位体積あたり $\rho|\boldsymbol{v}|^2/2$ である．つまり，波動はエネルギーを運ぶことができる．運動の速度は波の振幅に比例しているから，波の強さは振幅の二乗に比例している．身の回りの現象を観察する限り，波の振幅はいかようにでも変わり得るので，波動の運ぶエネルギーも任意の実数であると考えられる．

　規則的な波として思い浮かべるのが簡単なのは正弦波であろう．

$$\phi = A \sin\left[2\pi\left(\frac{x}{\lambda} - \nu t\right)\right] \tag{4.1.1}$$

波の空間的な周期を**波長**という．x が λ だけ増減しても値が変化しないから，式 (4.1.1) が表す波動の波長は λ である．一方，空間を固定して運動を観察したときの繰り返しの 1 サイクルに要する時間を**周期**という．単位時間に繰り返されるサイクルの数を**振動数**という．式 (4.1.1) が表す波動の振動数は ν である．$2\pi\nu$ を**角振動数**といい，しばしば ω で表す（$\omega = 2\pi\nu$）．周期 T と振動数 ν には $\nu = 1/T$ という関係がある．周期 T 毎に同じ状態が現れるには，この間に波長 λ だけ波が移動している必要がある．したがって，波動の速度 c は波長 λ と振動数 ν を使って $c = \nu\lambda$ と表される．波動の速度は，波動が伝播する媒質の性質に依存している．波動が異なる媒質に入ると，振動数は不変であるが，速度の不一致を原因として進行方向が変化する．これを**屈折**という．波動の進行方向が波長に依存する媒質を利用すると，種々の波長をもった波を分解することができる．

　波動には，ここまで考えてきた時間とともに移動する**進行波**だけでなく，弦楽器の弦や太鼓の皮（膜）のように，位置を変えない**定在波**もある．いずれの場合も，振動する媒質の運動は波動方程式［後述の式 (4.4.5)］に従う．波動方程式の解である波動には**重ね合わせの原理**という著しい性質がある．この性質のため，波動には**回折**，**干渉**といった特徴的な性質がある．回折は波動が障害物の陰に回り込むこと，干渉は複数の波動が強めあったり弱めあったりすることである．こうした現象は波長と同程度の尺度で観察した場合に顕著である．

■電磁気現象

電磁気現象はマクスウェルにより，電場，電束密度（電気変位），磁場，磁束密度の 4 つの量の従う基礎方程式（マクスウェル方程式）によって基本法則がまとめ上げられた．電気的量と磁気的量はよく似た形で方程式に現れるが，電荷が単独で存在するのに対し磁荷は存在しないという著しい違いがある．異符号の電荷間には引力が，同符号の電荷間には斥力（反発力）が働く．その大きさは距離の二乗の逆数に比例している．

マクスウェル方程式によれば，電場の変化は磁場を，磁場の変化は電場を誘起する（電磁誘導）．この相互的な誘導により，電場と磁場の変動が波動として伝播する．この波動を**電磁波**という．電磁波の速度は真空中では振動数によらず一定である．これを**光速**という．光速 c は最も基本的な物理定数の一つであり，SI では定義された量である（2.2 節）．媒質中の電磁波の速さは媒質の性質に依存する．実用的には，媒質中の光の速さ v と c の比である屈折率 $n = c/v$ (≥ 1) で媒質の性質を記述することが多い．

いわゆる電波が電磁波の一種であることはもちろんであるが，私たちが目で感じることができる光（**可視光**）も電磁波の一種である．特定の振動数（つまり波長）をもつ光を単色光という．可視光のなかでは波長が長い方から赤，橙，黄，緑，青，紫であり，私たちは光の波長の違いを色の違いとして感知することができる[*4]．これより波長が長い領域に赤外線，短い領域に紫外線がある．屈折率が振動数に依存する物質を媒体として用いると電磁波を分解することができる[*5]．プリズムによる光の分解である．こうして得られる「振動数（あるいは波長）と電磁波の強度」の関係を**スペクトル**という．

電磁波がエネルギーを運ぶことは赤外線ヒーターの実例でよく知っていることであろう．可視光の波長はおよそ 380 nm から 750 nm 程度であるため，日常生活で波動性を顕著に感じることは多くないが，小さな穴を透過した光束が少し離れた場所では穴の形状によらず丸く見えるのは回折現象の現れである．

異符号の電荷間の引力は物体間の万有引力と同じ距離依存性をもつ．しかし，電荷の運動は電場の変動を生み出し，電磁波の形でエネルギーを放出するので[*6]，異符号の電荷の運動は天体の運行と同じようには扱えない（4.3 節）．

[*4] 普段目にする可視光は単色光ではなく，様々な波長をもつ可視光の重ね合わせである．この場合にどのように色を感じているかの説明は，網膜にある 3 種の光受容体の反応の重ね合わせのため簡単でない．

[*5] 波長によって屈折率が異なると像がぼける（色収差）ので，プリズムとは逆にレンズでは波長によって屈折率が違わないことが求められる．

[*6] 電荷をもたない物体の運動も重力波の放出を伴うが，通常は無視できる．重力波はアインシュタインによって予言されたが（1918 年），間接的検出は 1974 年，直接検出はようやく 2016 年に達成された．

44 | 4章 量子力学へ

■原子・分子からなる自然

本節の最後に，古典物理学に属することではないが，化学が対象としている物質が，基本的には原子・分子という小さな粒子からできていることを確認しておこう．しかし，コップに入った水は，何度分割しても連続的に見える．粒子としての不連続性は，それが感知できるほど少量の水を扱うとき，あるいは粒子性が顕著に現れる特殊な状況において初めて見出されるのである．1章でも述べたように，素朴な原子論は古代ギリシャの時代からあったが，現在と同じ意味での原子論の確立には，定比例の法則（ドルトン），アボガドロの仮説，ボルツマンの気体分子運動論，ブラウン運動の理解（アインシュタイン）など長い時間が必要で，20世紀初頭にようやく確立したとされる[*7]．実際，J.B. ペランが「物質の不連続的構造に関する研究」でノーベル物理学賞を受賞したのは，なんと1926年である．現在では実験技術の進歩により直接観測が可能になっており，原子・分子の存在を疑う人はいない．

*7 これより先に，原子論・分子論を前提にしたようなノーベル賞があることも事実ではある．

4.2 量子化の発見

■水素原子のスペクトル

19世紀の後半には種々の元素について盛んに研究が行われた．そのような実験結果の中に，原子の発光スペクトルがあった．元素の蒸気を放電管に入れて放電を行うと，物質に応じた発光が見られる．発生した光を波長ごとに分析したものをスペクトルというのは先に説明した通りである．

最も単純なスペクトルは水素原子の場合に得られた．スペクトルは少数の**単色光**（単一波長の光）からなり，可視領域では，それらの波長は656.5 nm，486.3 nm，434.2 nm，410.3 nm であった．この結果をうまく整理することに成功したのはJ.J. バルマーであった（1885年）．彼はスペクトルの波長 (λ) が

$$\frac{1}{\lambda} = R_{\mathrm{H}}\left(\frac{1}{2^2} - \frac{1}{n^2}\right) \tag{4.2.1}$$

と整理されることを示した．ここで R_{H} は 109678 cm^{-1} という大きさをもち，現在では**リュードベリ定数**とよばれている．先の波長はそれぞれ $n = 3, 4, 5, 6$ に対応している．後になって，$n = 7$ (397.1 nm) および $n = 8$ (389.0 nm) という発光も確認された．式 (4.2.1) で表される水素

原子の発光スペクトルを**バルマー系列**という.

20世紀になると,式 (4.2.1) を一般化した

$$\frac{1}{\lambda} = R_{\mathrm{H}}\left(\frac{1}{l^2} - \frac{1}{n^2}\right) \tag{4.2.2}$$

という形で波長が表される発光スペクトル列が発見された. 紫外領域の**ライマン系列** ($l = 1$, 1906年),赤外領域の**パッシェン系列** ($l = 3$, 1908年),**ブラケット系列** ($l = 4$, 1922年) である. バルマー系列は言うまでもなく $l = 2$ に相当している. これらの発見が遅れたのは,実験上の困難を解決するのに技術的な進歩が必要であったためである. 科学の進歩における技術の役割を見て取ることができる.

スペクトルの整理はできたが,これが何を意味するかを考えなければならない. 式 (4.2.2) は,水素原子の状態が整数で指定されていることを示唆している. すなわち,「n で指定される状態」と「l で指定される状態」の移り変わりに伴って特定の波長の光が生じる,と解釈できるわけである. つまり,状態が**離散的**(とびとび)なのである. 連続的に状態を変化させることができる日常生活の世界とはまったく異なる原理が原子の世界には存在することを示唆する結果といえる. しかし,これを正しく説明するには,まず,光の本性についてのより深い理解が必要であった.

■空洞輻射

高温の物体が光を出す事はよく知られている. 最近では省エネルギーの観点からほとんど使われなくなった白熱電球は,この原理によって発光している. このとき,見かけの色(発光色)に物体自身の色はほとんど影響せず,物体が発している光の振動数分布で発光色は決まっている. このような問題を理想化するために,入射した光を完全に吸収する理想的な物体(黒体)を考える. 黒体が示す,温度で決まった輻射(放射)を**黒体輻射**(黒体放射)という. 理想的な黒体は実際には存在しないが,温度の決まった壁で囲まれた部屋(空洞)に満ちている熱輻射(放射)を小さな穴から観測すると,外部から入射した光は完全に吸収されると見なすことができ,黒体と考えることができる. したがって,空洞輻射を考えることは黒体輻射を考えることと同じである.

空洞輻射の問題について,古典物理学の考え方で振動数と放射密度(エネルギー密度)を求めると,振動数 (ν) が大きい領域と振動数が小さい領域でそれぞれ実験値と一致する結果が得られる. これらを**ウィーンの式**(1886年)および**レイリー–ジーンズの式**(1900年)という[8]. 図

[8] レイリー卿(J.W. ストラット)とJ. ジーンズの2名による.

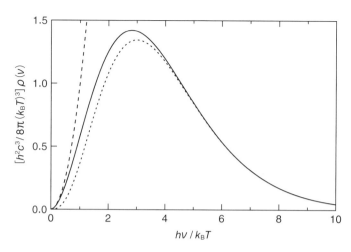

図 4.2 空洞輻射に対するウィーンの式（点線），レイリー–ジーンズの式（破線）とプランクの式（実線）
プランクの式は，実験結果をよく再現していることがわかっている．

4.2 に二つの式の周波数依存性を示す．いずれも古典物理学に立脚して導かれたにもかかわらず，全く異なる振る舞いをしている．しかも，レイリー–ジーンズの式には，全振動数で放射強度を足し合わせると無限大になるという奇妙な結論が含まれていた．

1900 年，M. プランクは二つの式をうまく**内挿**[*9] する公式を提案した．

$$\rho(\nu) = \frac{8\pi\nu^2}{c^3} \frac{h\nu}{\exp(h\nu/k_B T) - 1} \qquad (4.2.3)^{*10}$$

ここで h は後に**プランク定数**[*11] と呼ばれることになる定数である．T は熱力学温度（絶対温度ということもある）である．k_B は**ボルツマン定数**[*12] であり，粒子 1 個あたりの**気体定数** R に等しい（$R = N_A k_B$）．式 (4.2.3) は振動数の小さい領域と大きい領域で良く成立するだけでなく，すべての振動数で実験結果を良く再現していた．

■光電効果

金属に光を当てると電子が飛び出す現象を**光電効果**という．光電効果には，

- 電子が出るか出ないかは光量には関係ない
- 電子が出るためには振動数に金属ごとに決まった**閾値**（「しきいち」あるいは「いきち」）がある
- 閾値以上では光量と共に電子の量が増す

という性質が知られていた．光を単純な波と考える限りこれらは説明できない．弱い光でも長時間照射することにより多くの光量（エネルギー）

[*9] 二つの領域の間を埋めること．これに対し，既知の領域の外側にのばすことを**外挿**という．**補間**は内挿と**補外**は外挿と類似の意味をもつ．

[*10] $\exp(x)$ は e^x と同じ意味．この式のように x が複雑なときはこの表記が事実上の標準．

[*11] SI の定義で使われている (2.2 節)．

[*12] SI の定義で使われている (2.2 節)．

を与えることができるからである．

アインシュタインは1905年に，光が振動数(ν) に応じて$h\nu$というエネルギーをもつ粒子として振る舞うと考えれば，プランクの式(4.2.3)が統計力学の方法によって得られることを指摘し，この光の粒子を**光量子**と呼んだ．光が光量子からなるというのは，光のエネルギーが離散的であるということを意味している．彼は，振動数νの光量子はエネルギー$h\nu$と運動量$h\nu/c$をもつとした．つまり，光の運動量も離散的になる．さらに，光量子を考えれば，光電効果の一見奇妙な結果が説明されることを示した[*13]．

電子が飛び出す際には，光量子1個のエネルギーだけが関与していると考える．電子が金属ごとに決まった大きさのエネルギーで束縛されているとすると，束縛エネルギー (W) に相当する閾値が予想される（図4.3）．この束縛エネルギーを現在では（金属の）**仕事関数**と呼んでいる．さらに，飛び出した電子は余ったエネルギーを運動エネルギー (K) としてもっていると考えられるから，運動エネルギーは閾値以上の振動数では直線的に増加するはずである．すなわちエネルギーの保存則から

$$K = h\nu - W \quad (4.2.4)$$

が期待される．得られた実験結果は確かにこのようになっており，hの大きさ自体もプランクが決めた大きさと一致した．このことは，光には，干渉を示すという**波動性**（波としての性質）だけでなく，**粒子性**（粒子としての性質）もあることを示している．これを**光の二重性**ということもある．

[*13] アインシュタインは1921年にこの業績でノーベル物理学賞を受賞した．

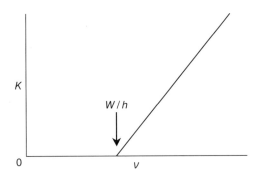

図4.3 光電効果における入射光の振動数νと電子の運動エネルギーK．Wは仕事関数．

■コンプトン散乱

電磁波が電子に散乱されると，入射電磁波と散乱電磁波の波長にずれが生じる．このような散乱を**コンプトン散乱**といい，はじめ，グラファ

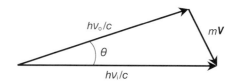

図 4.4 コンプトン散乱における運動量の保存

イトによる X 線の散乱において A.H. コンプトンにより見出された (1923 年).

アインシュタインは,光電効果の説明の際に,振動数 ν の光量子はエネルギー $h\nu$ と運動量 $h\nu/c$ をもつとしていた.これに従えば,はじめ静止していた電子による光量子の散乱を考えると,運動量の保存は図 4.4 で表すことができる.ここで入射波を添え字 i,散乱波を o で区別し,電子の質量 m,散乱後の速度を V とした.三角形の各辺の長さと散乱角 θ を使うと,余弦定理によって

$$(mV)^2 = \left(\frac{h\nu_i}{c}\right)^2 + \left(\frac{h\nu_o}{c}\right)^2 - 2\left(\frac{h\nu_i}{c}\right)\left(\frac{h\nu_o}{c}\right)\cos\theta$$

$$= \frac{h^2}{c^2}(\nu_i^2 + \nu_o^2 - 2\nu_i\nu_o\cos\theta)$$

$$= \frac{h^2}{c^2}[(\nu_i - \nu_o)^2 + 2\nu_i\nu_o(1-\cos\theta)] \quad (4.2.5)$$

となる.振動数の変化は小さいから,変化量の 1 次の項までを考える近似で

$$m^2 V^2 = 2\frac{h^2}{c^2}\nu_i\nu_o(1-\cos\theta) \quad (4.2.6)$$

としてよい.一方,エネルギーの保存は

$$\frac{1}{2}mV^2 = h(\nu_i - \nu_o) \quad (4.2.7)$$

と表されるので,

$$m(\nu_i - \nu_o) = \frac{h}{c^2}\nu_i\nu_o(1-\cos\theta) \quad (4.2.8)$$

と V を消去できる.光速,振動数,波長 (λ) の間には

$$c = \nu\lambda \quad (4.2.9)$$

の関係があるから,式 (4.2.8) は波長を使って

$$\Delta\lambda = \lambda_o - \lambda_i = \frac{h}{mc}(1-\cos\theta) \quad (4.2.10)$$

と書き直すことができる.h, m, c はいずれも定数[*14]であるから,波長の変化量は散乱角だけに依存することがわかる.これは実験結果と一致していた.

[*14] これらのように自然の性質として普遍的に一定にとどまる定数を**普遍定数**ということがある.

こうして，光量子が確かに存在し，振動数に応じたエネルギーと運動量をもつことが広く受け入れられることとなった．光量子は現在では**光子**と呼ばれている．

■**固体の熱容量**

物体を単位温度だけ熱するのに必要な熱の量を**熱容量**（C）という．金属や合金などの熱容量は室温付近においてほぼ一定であり，含まれる原子の数（N）が同じであればほぼ同じ大きさ

$$C = 3R \times \frac{N}{N_A} \tag{4.2.11}$$

をもつ．これを**デュロン-プティの法則**[*15] という（1819年）．デュロン-プティの法則は古典物理学によって説明可能である（ボルツマン，1871年）．そこで，原子 1 mol の示す熱容量 $3R$ を熱容量の**古典値**という．ところが，デュロン-プティの法則には例外があった．ダイヤモンドやホウ素などである．ダイヤモンドの熱容量は室温では古典値より小さく，温度が高くなると古典値に近づいていく（図4.5）．ホウ素でも事情は同じである．しかも，1905年にW.H. ネルンストが実験的に見出した熱力学の第三法則によれば，絶対零度において熱容量は 0 にならなければならない．このことは，固体の熱容量が古典物理学では理解しきれないことを意味している．

アインシュタインは1907年に熱容量の理論を発表し，ダイヤモンドのような例外的挙動を説明した．彼は，ボルツマンと同様，結晶中の原

[*15] デュロン-プティはP.L. デュロンとA.T. プティの二名を表す．

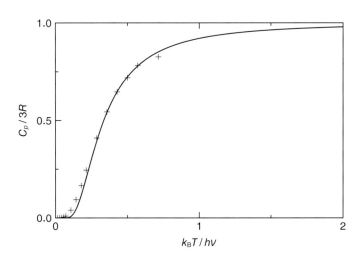

図4.5 ダイヤモンドの熱容量（+）とアインシュタインの理論式
ダイヤモンドの点の最高温度は1000 K．まだ古典値には達していない．

子の振動により熱が蓄えられると考えたが，結晶が特定の波長の光を吸収することから，振動によって実現できるエネルギーが離散的であると考えられることに着目した．すると，振動数が ν のときエネルギーとして $h\nu$ の整数倍のみが許されると考えれば，熱容量は，統計力学の方法によって

$$C = \left(\frac{N}{N_A}\right) k_B \left(\frac{h\nu}{k_B T}\right)^2 \frac{\exp(h\nu/k_B T)}{[\exp(h\nu/k_B T)-1]^2} \qquad (4.2.12)$$

と計算される．絶対零度（$T = 0\,\mathrm{K}$）では熱容量は 0 になり，第三法則を満たす．一方，振動の**自由度**が 1 原子あたり 3（振動の方向に相当）であることを考慮すると，高温極限での熱容量は $3R$ という古典値になる．ダイヤモンドのような例外的物質の例外たる理由は，結晶中での原子の振動数が大きいためと理解される（図 4.5）．実際，ダイヤモンドやホウ素などの例外物質はいずれも「硬い」物質であるから，これは当然のことである．このように固体の熱容量は，光に限らずエネルギーも原子・分子という極微の世界では離散的であることを示したのである．なお，「離散的である」ことを「**量子化**されている」と表現することもある．

アインシュタインの熱容量の理論は大雑把には成功を収めたが，温度依存性については不十分であった．この点については後の P. デバイの理論（1912 年）を経て，現在では固体物性論の最も完成された理論の一つとなっている．

4.3　原子の構造

■ラザフォードの実験

原子・分子論が確立したのは 20 世紀の初めであるが，科学者の関心はすぐにより究極の世界へと向かっていた．1911 年，E. ラザフォードは α 線を金箔にあてて，散乱されてくる α 線の分布を調べた．彼の得た結果では，ほとんどの α 線は何事もなかったように金箔を透過し，ごく少数の α 線が大きな散乱角で散乱された．α 線が正電荷をもつことはわかっていたので，この実験結果は，原子の中の正電荷は非常に狭い領域に集中していることを示している．当時，非常に小さな粒子である電子が原子に含まれることが知られていて，「ぶどうパン」のような原子モデルが考えられていた[16]．ラザフォードの実験は，「ぶどうパン」モデルが正しくないことを示していた．つまり原子核が発見されたわけ

[16]　電子が干しぶどう，正電荷がパンに相当する．

である．実際には，原子核の大きさは原子の大きさの 10^{-4} 倍程度である．

■古典的な水素原子の模型

ラザフォードの実験で原子核が発見され，最も簡単な原子である水素は，同じ大きさで符号の異なる電荷をもつ原子核と電子からなることがわかった．電子の質量は水素原子の約 1800 分の 1 であるから，原子の質量の大部分は原子核が担っていることになる．大質量物体と小質量物体が結合して安定に存在する系としては，惑星系がある．そこで原子核の周りを電子が回っているとする模型を考えるのは自然であろう．

原子核と電子の間には電気的な力（静電引力）と重力（万有引力）が働いていると考えられる．原子核と電子の距離を r とすると，静電引力と重力は共に

$$\boldsymbol{F} = -\frac{A\boldsymbol{r}}{|\boldsymbol{r}|^3} \tag{4.3.1}$$

という式で表される．静電引力では A は

$$A_\mathrm{e} = ke^2 = \frac{e^2}{4\pi\varepsilon_0} \tag{4.3.2}$$

である．ただし e は電気素量，ε_0 は真空の誘電率である．これらに値を入れると，$A_\mathrm{e} = 2.3 \cdot 10^{-28} \,\mathrm{N\,m^{-2}}$ となる．一方，重力では A は，G を重力定数，m と M を電子と陽子の質量として GmM となる．これから $A_\mathrm{g} = 2.7 \cdot 10^{-39} \,\mathrm{N\,m^{-2}}$ である．$A_\mathrm{g} \ll A_\mathrm{e}$ であり，重力の効果を考える必要が無いことがわかる．

電子が原子核を中心に半径 r の円運動をすると考えれば[*17]，遠心力と静電引力が釣り合う必要があるから

$$\frac{mV^2}{r} = k\frac{e^2}{r^2} \tag{4.3.3}$$

[*17] 正確には**重心**の周りを**換算質量**の物体が回ることになる．付録 A 参照．

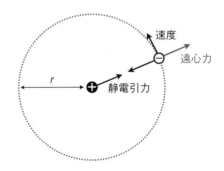

図 4.6 円運動における中心力（静電引力）と遠心力の釣り合い

と考えられる（図 4.6）. ここで V は電子の速さである. このときエネルギーは, 式 (4.3.3) を考慮すると, 運動エネルギーと静電気的エネルギーを足し合わせて

$$\frac{1}{2}mV^2 + \left(-k\frac{e^2}{r}\right) = -\frac{1}{2}k\frac{e^2}{r} \qquad (4.3.4)$$

となる. r について何ら制限は無さそうだから, 原子の大きさは自由に変わり得ることになり, 物質が定まった大きさをもつことを説明できない.

　実は問題はさらに深刻であり, 電磁気学によれば電荷をもつ電子の円運動は電場の変化を引き起こすので, 電磁波の放射が起こる. 電磁波はエネルギーを運ぶから, エネルギーの保存則により電子はどんどん減速し, やがて原子核に落ち込んでしまう. 計算すると寿命は 10^{-11} s 程度である. 身の回りの物質が完全に安定に見えるのと対照的である. 古典物理学では, 一番簡単な水素原子の構造すら理解できないのである.

■ボーア模型

　古典的な水素原子模型は水素原子の性質を説明することができなかった. このような状況において, N.H.D. ボーアは, 今日,「**ボーアの量子仮定**」と呼ばれる仮定を置くことによって, 水素原子のスペクトルを説明した (1913 年).

　ボーアの量子仮定は

- 角運動量（の大きさ）は $\hbar$（$= h/2\pi$）の整数倍に限られる（量子化される）
- 量子化条件を満たす状態では電磁波を放射しない
- 状態間遷移に伴うエネルギーを電磁波（光）として放射する

とまとめることができる. まず, 角運動量の大きさが量子化されることは, n を整数として

$$mVr = n\hbar \qquad (4.3.5)$$

と表すことができる. これと式 (4.3.3) から V を消去すると r が

$$r = n^2 \frac{\hbar^2}{kme^2} \qquad (4.3.6)$$

に限られることがわかる. 式 (4.3.6) で n に依存しない部分を

$$a_0 = \frac{\hbar^2}{kme^2} \qquad (4.3.7)$$

と書いて, a_0 を**ボーア半径**という. ボーア半径は原子の大きさの目安として重要な量であり (5.1 節), 物理定数を代入すると約 52.9 pm である. ボーア半径を使うと式 (4.3.6) は

$$r = n^2 a_0 \qquad (4.3.8)$$

と書き直される. こうして決まった半径 r を式 (4.3.4) に代入すると, エネルギーが

$$E_n = -\frac{1}{2n^2}\frac{ke^2}{a_0} \qquad (4.3.9)$$

と計算できる. ここで現れた n を含まないエネルギーの大きさ

$$E_{\mathrm{h}} = \frac{ke^2}{a_0} = \frac{k^2 m e^4}{\hbar^2} \qquad (4.3.10)$$

を**ハートリー**と呼ぶことがある. E_{h} は原子の世界におけるエネルギーの単位である.

n で決まる状態のエネルギーが式 (4.3.9) で与えられるから, エネルギーの大きい状態 (i) から小さい状態 (f) へ状態が変わるときに ($i > f$), これに見合ったエネルギーの光が放射されることになる. そのエネルギーは

$$\Delta E = E_i - E_f = -\left(\frac{1}{n_i^2} - \frac{1}{n_f^2}\right)\frac{1}{2}E_{\mathrm{h}} \qquad (4.3.11)$$

のはずである. 振動数 ν, 波長 λ の光量子のエネルギーは $h\nu$ だから,

$$\left(\frac{1}{n_f^2} - \frac{1}{n_i^2}\right)\frac{1}{2}E_{\mathrm{h}} = h\nu = h\frac{c}{2\lambda} \qquad (4.3.12)$$

となり, 結局, 放射される光の波長は

$$\frac{1}{\lambda} = \left(\frac{1}{n_f^2} - \frac{1}{n_i^2}\right)\frac{1}{2hc}E_{\mathrm{h}} \qquad (4.3.13)$$

になる. 電子の質量 (m) を換算質量 $[mM/(m+M)]$ に置き換えると[*18], 最終的に

$$\frac{1}{\lambda} = \frac{E_{\mathrm{h}}}{2hc}\frac{1}{1+(m/M)}\left(\frac{1}{n_f^2} - \frac{1}{n_i^2}\right) \qquad (4.3.14)$$

*18 付録 A 参照.

となる. これは式 (4.2.2) と同じ形であり, 物理定数を代入してみると, 係数の大きさも含め完全に一致している. リュードベリ定数の中身が

$$R_{\mathrm{H}} = \frac{E_{\mathrm{h}}}{2hc}\frac{1}{1+(m/M)} \qquad (4.3.15)$$

で与えられることがわかる.

このようにボーアは量子仮定によって水素原子のスペクトルを説明することに成功した. しかし, この段階ではその仮定の意味するところはおろか, その真偽さえわからないといわざるを得ない. 最終的には量子力学の完成を待つ必要があった.

4.4 物質波

■**物質波**

前節で紹介した空洞輻射，光電効果，コンプトン散乱は，いずれも光が粒子性をもつことを示していた．その一方で，水素原子の離散的状態や，固体の熱容量の温度依存性は，光の粒子性を仮定してもなお説明できなかった．そこで，光だけでなく，通常，粒子と考える電子などが波動性をもつ可能性を考えてみるのは，（少なくとも現時点から見れば）自然な流れであった．

このような検討を行ったのはL.V.ド・ブロイであった．ド・ブロイは理論的な検討を通じ，「運動する物体はすべて波を伴うのであって，物体の運動と波の伝播は切り離せない．」という**物質波**（**ド・ブロイ波**という場合もある）の仮説を提出した（1923年）．彼によれば，物質波の波長（**ド・ブロイ波長**, λ）は物体の運動量（p）と

$$\lambda = \frac{h}{p} \tag{4.4.1}$$

で結ばれている．これは光子の運動量と波長の関係と同じである．

物質波の考え方によれば，ボーアの量子仮定は，波の言葉を使って次のように解釈することができる．式(4.3.5)は，mVが運動量（の大きさ）に等しいことに注意すると，ド・ブロイ波長を使って

$$2\pi r = n\lambda \tag{4.4.2}$$

と書き直すことができる．左辺は円周（の長さ）であり，式の意味は「円周が物質波の波長の整数倍に等しい」となる．これは，二点間に張った弦の振動のような進行しない波（**定在波**）が円周上に存在できる条件になっている（図4.7）．しかも進行しないから，電磁波を発生しなくてもよさそうである．物質波を考えることによって，自然な言葉で量子化条

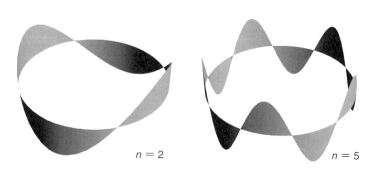

$n = 2 \qquad n = 5$

図4.7 円周上の定在波

件を表せたといえよう．

　回折現象を考えてみればわかる通り，一般に，波としての性質は，波長と同じ程度のスケールを扱う場合に顕著である．したがって，物質波の波長を計算してみれば，その影響がどのような場合に顕著になるかがわかる．人間の歩行を考えると，体重 50 kg, 速さ 6 km h^{-1} として運動量の大きさは約 80 N s である．物質波の波長は $h/p ≈ (6.6·10^{-34}$ J s$)/(80$ N s$) ≈ 8·10^{-36}$ m となる．日常生活の大きさとは全くかけ離れているから，歩行に波としての性質は現れないはずである．一方，静止している電子を 100 V の電圧で加速すると波長は約 0.1 nm になる．ちょうど，原子程度の大きさであるから，結晶に電子線を入射すると回折現象が起こることが期待できる．これは 1925 年に W.M. エルサッサーによって確認された．

■**波動を表す**

　波あるいは波動というのは，媒体自体は移動せずに伝播する運動の形態である．伝播方向を x 軸の正負に限り，時刻 $t = 0$ における波形が $F(x)$ で表されるとすると，$F(x - ct)$ は正の方向へ速さ c で伝播する波，$F(x + ct)$ は負の方向へ速さ c で伝播する波を表すことがわかる（図 4.8）．$\psi(x, t) = F(x \pm ct)$ と書くことにすると，偏微分（付録 B）を使って

$$\frac{\partial}{\partial x}\psi(x, t) = \frac{\partial X}{\partial x}\frac{\mathrm{d}F(X)}{\mathrm{d}X} = \frac{\mathrm{d}F(X)}{\mathrm{d}X}$$

$$\frac{\partial}{\partial t}\psi(x, t) = \frac{\partial X}{\partial t}\frac{\mathrm{d}F(X)}{\mathrm{d}X} = \pm c\frac{\mathrm{d}F(X)}{\mathrm{d}X}$$

$$\frac{\partial^2}{\partial t^2}\psi(x, t) = c^2\frac{\mathrm{d}^2F(X)}{\mathrm{d}X^2} \quad (4.4.3)$$

であること，したがって，$\psi(x, t)$ は次の方程式を満たしていることがわかる．

$$\frac{\partial^2}{\partial x^2}\psi(x, t) - \frac{1}{c^2}\frac{\partial^2}{\partial t^2}\psi(x, t) = 0 \quad (4.4.4)$$

これを，（一次元の）**波動方程式**という[*19]．このとき，$\psi(x, t) = F(x \pm$

図 4.8　進行波．$F(x)$ と $F(x \pm ct)$

[*19] 一階微分の関係を使うことにすると，波の進む方向によって記述する方程式が異なることになってしまい，不自然である．

56 | 4章　量子力学へ

ct) をダランベールの解という．容易に確かめられる通り，$F(x - ct)$ と $F(x + ct)$ に任意の定数をかけて足しあわせた関数を作ると $[aF(x - ct) + bF(x + ct)]$，やはり式 (4.4.4) を満たす．これは波動方程式の解に共通する性質であり**重ね合わせの原理**という．干渉や回折などの波に特有の性質は重ね合わせの原理で説明できる．

これから考える実際の問題は三次元空間の波動であるから，波動方程式は

$$\left(\frac{\partial^2}{\partial x^2} + \frac{\partial^2}{\partial y^2} + \frac{\partial^2}{\partial z^2}\right)\psi(x, y, z, t) - \frac{1}{c^2}\frac{\partial^2}{\partial t^2}\psi(x, y, z, t) = 0$$

(4.4.5)

*20 関数に何らかの操作（演算）を行うことを表すもの．ここでは，微分演算のみを表しているが，後出のハミルトン演算子には乗法，加減法も含まれる．

となる．式 (4.4.5) の空間微分を表す部分（**演算子**[20]）を**ラプラシアン**（ラプラス演算子）といい，座標の関数からその位置における勾配を求める演算子である**ナブラ** (∇)

$$\nabla = \left(\frac{\partial}{\partial x} + \frac{\partial}{\partial y} + \frac{\partial}{\partial z}\right)$$

(4.4.6)

を使って

$$\nabla^2 = \nabla \cdot \nabla = \frac{\partial^2}{\partial x^2} + \frac{\partial^2}{\partial y^2} + \frac{\partial^2}{\partial z^2}$$

(4.4.7)

と表すことが多い．つまり，一般の（三次元空間の）波動方程式は

$$\nabla^2\psi - \frac{1}{c^2}\frac{\partial^2}{\partial t^2}\psi = 0$$

(4.4.8)

と書くことができる．

波として簡単に思い浮かべるものは，三角関数の波形をもった進行波であろう．波形から**正弦波**あるいは**サイン波**という．x 方向に進行する，振幅 A，振動数 ν，波長 λ の正弦波は

$$\psi = A\sin\left[2\pi\left(\frac{x}{\lambda} - \nu t\right)\right]$$

(4.4.9)

と表すことができる．波動方程式 (4.4.4) に代入すると，速さ c，波長 λ，振動数 ν には

$$c = \nu\lambda$$

(4.4.10)

の関係があることがわかる．波の速さは媒質を決めると決まる量である．光を波動と考えたとき，振動数（および波長）の決まった光（**単色光**）は正弦波で表すことができる．

正弦波について，空間内のある点 (x_0) に注目すると，x_0 における変位の時間変化速度は

$$\frac{\partial}{\partial t}\psi = -2\pi\nu A\cos\left[2\pi\left(\frac{x_0}{\lambda} - \nu t\right)\right]$$

(4.4.11)

である．エネルギー密度はこれの二乗に比例するから，この波は $\nu^2 A^2$ に比例したエネルギーを運んでいることがわかる．つまり，波の強さは振幅と振動数の二乗に比例する．

■物質波の波動方程式

定常状態を想定して，空間的に波形が固定された物質波の振動を考える．これを表す関数は波動方程式を満たす必要がある．つまり，波動方程式の解でなければならない．波動方程式の解を波動関数という．一般に，波動関数のような微分方程式は，複数の解をもつ．

簡単のため調和振動（単振動）を考えると，波動関数は

$$\phi = \phi_0(x, y, z)\exp(i\,2\pi\nu t) \tag{4.4.12}$$

と書くことができると考えられる．ここでオイラーの公式（付録 B）

$$\exp(i\theta) = e^{i\theta} = \cos\theta + i\sin\theta \tag{4.4.13}$$

を使ったが，微積分は実数を引数とする指数関数と同じであるから

$$\frac{\partial}{\partial t^2}\phi = (i\,2\pi\nu)^2\phi_0(x, y, z)\exp(i\,2\pi\nu t) = -(2\pi\nu)^2\phi \tag{4.4.14}$$

となり，波動方程式 (4.4.8) に代入すると

$$\nabla^2\phi + \frac{4\pi^2\nu^2}{c^2}\phi = 0 \tag{4.4.15}$$

が得られる．これは，波の速さと振動数，波長の関係（式 (4.4.10)）から

$$\nabla^2\phi + \frac{4\pi^2}{\lambda^2}\phi = 0 \tag{4.4.16}$$

と変形できる．

一方，全エネルギーを E，ポテンシャルエネルギーを $U(x, y, z)$ とすると

$$E = \frac{1}{2}mv^2 + U = \frac{1}{2m}p^2 + U \tag{4.4.17}$$

だから，$p^2 = 2m[E - U(x, y, z)]$ である．ここで物質波の運動量 p と波長 λ の関係である式 (4.4.1) を使って式 (4.4.16) から λ を消去すると

$$\nabla^2\phi + \frac{8m\pi^2}{h^2}[E - U(x, y, z)]\phi = 0 \tag{4.4.18}$$

が得られる．これは

$$\left[-\frac{\hbar^2}{2m}\nabla^2 + U(x, y, z)\right]\phi = E\phi \tag{4.4.19}$$

と書くこともできる．式 (4.4.18) あるいは (4.4.19) はシュレーディン

ガーが 1926 年に発表した物質波の従う方程式であり，（時間に依存しない）**シュレーディンガー方程式**と呼ばれている．この方程式にポテンシャルエネルギーとして静電ポテンシャル（$-ke^2/r$）を代入して波動関数を求めると，水素原子のスペクトルを完全に再現することができる．同様の結果は，同じ頃，全く違う形式で W. ハイゼンベルクによっても独立に発見された（1925 年）．後に，彼らの理論が全く等価であることが証明され，現在ではいずれも**量子力学**と呼ばれている．ここに化学の対象である原子・分子を本格的に扱う力学が誕生したわけである．

式 (4.4.19) のかぎ括弧で表される部分はエネルギーを表す演算子であり，**ハミルトニアン演算子**あるいは単に**ハミルトニアン**と呼ばれている．ハミルトニアン演算子を H と表せば，シュレーディンガー方程式は形式的に

$$H\phi = E\phi \qquad (4.4.20)$$

と書くこともできる[21].

*21 微分操作が入っているので，あらかじめ $H = E$ と「約分」することはできない．

練 習 問 題

A. 1 変数の関数 $F(x)$ を選び，x を $x-vt$ に置き換えると（ダランベールの解），速度 v で x 軸の正の方向に進む波になっていることを確認せよ．

B. ダランベールの解が波動方程式の解になっていることを示せ．

C. $\phi(x,t) = aF(x-ct) + bF(x+ct)$ が波動方程式 (4.4.4) を満たすこと（重ね合わせの原理）を確認せよ．

D. ボーア模型にしたがって He^+ に対して許されるエネルギーを（式で）求めよ．

E. ［一次元の箱］x 方向にのみ運動でき，$0 < x < L$ にのみ存在できる粒子の波動方程式は

$$\left[-\frac{\hbar}{2m}\frac{d^2}{dx^2} + U(x) \right]\varphi(x) = E\varphi(x)$$

$$U(x) = \begin{cases} 0 \ (0 < x < L) \\ \infty \ (x \le 0, L \le x) \end{cases}$$

で与えられる．このとき

$$\varphi(x) = A \sin kx + B \cos kx$$

と仮定して k とエネルギー E を求めよ．

参 考 書

朝永振一郎，『量子力学（上・下）』，みすず書房，1969 年．

小林謙二，『熱統計物理学 I』，朝倉書店，1983 年．

D.A. マッカーリ，J.D. サイモン，『物理化学（上）─分子論的アプローチ─』（千原・齋藤・江口 訳），東京化学同人，1999 年．

5章 水素原子

●この章のねらい●

・水素原子の波動方程式の解析的な解が存在することを知る
・1s 軌道，2s 軌道，2p 軌道の特徴を説明できる

この章では 4 章で得た量子力学の方程式（波動方程式）を使って，最も簡単な原子である水素原子について取り扱ってみる．波動方程式を完全に解くことはしないが，最低エネルギーなどいくつかの状態について方程式の解（波動関数）を具体的に求めて性質を調べるとともに，次章の多電子原子についての準備を行う．

5.1 方向に依存しない解

■水素原子の波動方程式

普通の水素原子は，単独の**陽子（プロトン）**からなる原子核と**電子（エレクトロン）** 1 個からなる二体系である．二体系の方程式は，付録 A にある通り，重心の運動と相対運動を表す独立な方程式に書き換えることができる．重心の運動は水素原子の並進運動を表すだけであるから，ここで興味があるのは相対運動にかかる部分である．前章の結果によれば，波動方程式は

$$\left(-\frac{\hbar^2}{2\mu}\nabla^2 + V(r)\right)\Psi = E\Psi \qquad (5.1.1)$$

と書くことができる．ここでは Ψ は波動関数，E はエネルギーである．μ は換算質量であり，陽子と電子の大きな質量比のため，電子の（静止）質量にほぼ等しい．そこで以下ではこの差を無視して m を使う．$V(r)$ は原子核と電子の静電相互作用によるポテンシャルエネルギーであり，

相対距離 r を使うと

$$V(r) = -\frac{1}{4\pi\varepsilon_0}\frac{e^2}{r} \tag{5.1.2}$$

である．以下，簡単のために $k = (4\pi\varepsilon_0)^{-1}$ を使うことにする．すると，調べるべき波動方程式は

$$\left(-\frac{\hbar^2}{2m}\nabla^2 - k\frac{e^2}{r}\right)\Psi = E\Psi \tag{5.1.3}$$

である．

■方向に依存しない波動方程式

水素原子には特別な方向が無いと考えられるから，始めに方向に依存しない解を求めてみる．方向に依存しない図形は球であるから，「方向に依存しない」ことを**球対称**という．関数が球対称であるとは，原子核からの距離 r だけの関数になっているという意味である．このような性質をもつ解を考えるので，r の関数 $f(r)$ を x で偏微分することを考える．合成関数の微分によって

$$\frac{\partial f}{\partial x} = \frac{\mathrm{d}f}{\mathrm{d}r}\frac{\partial r}{\partial x} \tag{5.1.4}$$

である．$r = \sqrt{x^2 + y^2 + z^2}$ であるから

$$\frac{\partial r}{\partial x} = \frac{x}{r} \tag{5.1.5}$$

であり，

$$\frac{\partial f}{\partial x} = \frac{\mathrm{d}f}{\mathrm{d}r}\frac{x}{r} \tag{5.1.6}$$

となる．これをもう一度 x で偏微分するので

$$\frac{\partial^2 f}{\partial x^2} = \frac{\partial}{\partial x}\left(\frac{\mathrm{d}f}{\mathrm{d}r}\frac{x}{r}\right) = \frac{\mathrm{d}^2 f}{\mathrm{d}r^2}\left(\frac{x}{r}\right)^2 + \frac{\mathrm{d}f}{\mathrm{d}r}\frac{1}{r^2}\left(r - \frac{x^2}{r}\right) \tag{5.1.7}$$

となる．したがって

$$\nabla^2 f(r) = \left(\frac{\partial^2}{\partial x^2} + \frac{\partial^2}{\partial y^2} + \frac{\partial^2}{\partial z^2}\right)f(r)$$

$$= \frac{\mathrm{d}^2 f}{\mathrm{d}r^2} + (3r - r)\frac{1}{r^2}\frac{\mathrm{d}f}{\mathrm{d}r} = \frac{\mathrm{d}^2 f}{\mathrm{d}r^2} + \frac{2}{r}\frac{\mathrm{d}f}{\mathrm{d}r} \tag{5.1.8}$$

である．結局，調べる方程式は

$$\left[-\frac{\hbar^2}{2m}\left(\frac{\mathrm{d}^2}{\mathrm{d}r^2} + \frac{2}{r}\frac{\mathrm{d}}{\mathrm{d}r}\right) - k\frac{e^2}{r}\right]\Psi(r) = E\Psi(r) \tag{5.1.9}$$

となる．これは**極座標**（付録 C）を使ってラプラシアンを表し，角度依存性を無視した場合に一致している．

■球対称な解

水素原子の状態を表す波動関数は，それが方向に依存しない場合，式 (5.1.9) を満たさなければならない．波動関数は，1 度か 2 度微分するともとの関数形に戻るか，その変数で割った形とならなければならない．前者の条件を満たす関数としては三角関数や指数関数があり，後者の例としてはべき関数がある．実際には，有限項のべき関数や三角関数は方程式 (5.1.9) を満たすことはなく，指数関数はパラメータをうまく選べば方程式 (5.1.9) を満たす．つまり解析的な解になっている．

試しに式 (5.1.9) に $\Psi(r) = A \exp(-ar)$ を代入してみる．

$$\frac{\mathrm{d}}{\mathrm{d}r}\Psi(r) = -aA \exp(-ar) = -a\Psi(r)$$

および

$$\frac{\mathrm{d}^2}{\mathrm{d}r^2}\Psi(r) = a^2\Psi(r) \tag{5.1.10}$$

であるから

$$-\frac{\hbar^2}{2m}\left(a^2 - \frac{2a}{r}\right) - k\frac{e^2}{r} = E \tag{5.1.11}$$

となる．これは

$$E = -\frac{\hbar^2}{2m}a^2 \quad \text{かつ} \quad ke^2 = \frac{\hbar^2}{m}a \tag{5.1.12}$$

のときに成立する．これから

$$a = \frac{mke^2}{\hbar^2} \tag{5.1.13}$$

となり，ボーア半径 (p.52) の逆数に等しいことがわかる．一方，エネルギーは

$$E = -\frac{mk^2e^4}{2\hbar^2} \tag{5.1.14}$$

と求められる．このエネルギーはボーア模型で $n = 1$ とした結果と一致している．この解を **1s 波動関数**という．この解は最低のエネルギーをもち，また，このエネルギーをもつ解はこの解に限られる．

1s 波動関数は 1s **オービタル**あるいは 1s **軌道**ということもある．オービタルはオービット［(古典的) 軌道に対応する英単語］から作られた単語で，原子や分子の内部における電子の波動関数を表す意味で使われる．(古典的) 軌道に対応するオービットではなく，オービタルという語が使われていることにも表されている通り，軌道という語は古典的な電子の軌跡[*1]を表しているのではないので注意が必要である．

波動方程式 (5.1.9) には，球対称という制約を課してもなお，ボーア

*1 粒子の位置を時間の関数として表したものを (古典的な) 軌道という．電子の波としての性質があらわになるような大きさでの議論なので，電子の位置を時間の関数として連続的に決めることはできない．

模型の n で指定されるエネルギーをもつ無限個の解がある．$n = 2$ とした波動関数の一つ（**2s 波動関数**）は，$\Psi(r) = B(1 - br)\exp(-cr)$ という形をもつ．実際，これを式 (5.1.9) に代入すると b, c, E が決定される（練習問題 A）．

球対称な波動関数は原子核と電子の距離だけの関数であり，特別な方向をもたない．回転運動は必ず回転軸をもつから，距離だけの関数で表される状態は角運動量をもたないことがわかる．つまり，1s 波動関数と 2s 波動関数は，ボーア模型と同じエネルギーを与えるが，角運動量は 0 の状態を表している．この意味で，角運動量の量子化によって離散的なエネルギー状態を導入したボーア模型には大きな欠陥があったといえる．

■**波動関数の意味**

前節で波動方程式 (5.1.9) から波動関数を求める過程において，A や B は 0 でさえなければどんな数でもよかった．それでは，A や B はどのように決めるのだろうか．

波動関数は物質の波（物質波）を表す関数である．波の強さが波の振幅の二乗に比例したことを思い出すと，波動関数の二乗が物質の存在確率と考えるのが良さそうである．これを波動関数の確率解釈という．現在では，実験との比較によりこの解釈が完全に正しいことが確認されている．つまり，波動関数の絶対値が大きい場所と小さい場所を比較すると，大きい場所ほど電子が存在する確率が大きいのである．

波動関数の二乗がその位置における物質の存在確率に比例するなら，係数の A や B は次のようにして決定できる．位置 $\boldsymbol{r} = (x, y, z)$ の近くの体積 $\mathrm{d}V = \mathrm{d}x\,\mathrm{d}y\,\mathrm{d}z$ の中に電子が存在する確率は

$$|\Psi(r)|^2\,\mathrm{d}x\mathrm{d}y\mathrm{d}z \qquad (5.1.15)$$

と表されることになる．空間中のどこかに電子が存在するというのは，全確率を足し合わせれば必ず 1 になるということであるから

$$\int |\Psi(r)|^2\,\mathrm{d}x\mathrm{d}y\mathrm{d}z = 1 \qquad (5.1.16)$$

でなければならない．ただし積分は全空間にわたってとる．このように波動関数の絶対値の二乗の積分が 1 になるように係数（ここでは A や B）を決定することを（波動関数の）**規格化**という．

先の 1s 波動関数を規格化してみる．距離だけの関数を全空間にわたって積分するには極座標（付録 C）を利用する方が簡単である．極座標の体積素片は

$$dV = r^2 \sin\theta \, d\theta d\varphi dr \qquad (5.1.17)$$

と表されるから，規格化の条件は

$$1 = \int_0^\pi d\theta \int_0^{2\pi} d\varphi \int_0^\infty dr \left[r^2 \sin\theta \cdot A^2 \exp\left(-\frac{2r}{a_0}\right) \right]$$
$$= 4\pi \int_0^\infty dr \left[r^2 A^2 \exp\left(-\frac{2r}{a_0}\right) \right] \qquad (5.1.18)$$

となる．積分を実行すると A が

$$A = \pm\sqrt{\frac{1}{\pi a_0^3}} \qquad (5.1.19)$$

と決定できる（付録D）．実は，こうしても符号をどうとるかについては任意性がある．これは，波動関数の符号そのものには物理的な意味が無いことを表している．

規格化した1s波動関数と2s波動関数を距離 r に対して描くと図5.1になる．1s波動関数は距離によらず符号が一定であるが，2s波動関数は一度だけ符号を変える．符号を変える位置を波動関数の**節**という．たとえば，1s波動関数は節をもたず，2s波動関数は節を一つもつということができる．最低のエネルギーの波動関数は節をもたず，エネルギーが大きくなるにつれて節の数が増える．これは波動方程式の解（波動関数）の一般的性質である．

原子核からの距離 r の位置における電子の存在確率を比較するには，波動関数の二乗そのものではなく，これに $4\pi r^2$ をかけた量を比べなければならない．波動関数の二乗そのものは，その位置での存在確率に比例していて，同じ距離の場所は半径 r の球面上に存在するからである．

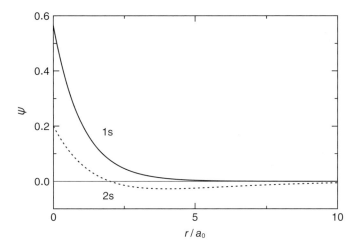

図5.1 水素原子の1s波動関数と2s波動関数

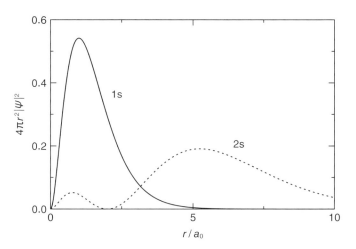

図 5.2 水素原子の 1s 波動関数と 2s 波動関数に対応する電子の存在確率

1s 波動関数と 2s 波動関数について原子核からの距離の関数として電子密度を描くと図 5.2 が得られる．1s 波動関数はボーア半径のところで存在確率が最大になっている．ボーア半径 a_0 は，ボーア模型では電子の円軌道の半径であったが，正しくは電子密度が最大の距離だったのである．いずれにしても，ボーア半径は水素原子の大きさの目安になる長さである．なお，1s 波動関数では，半径 $2a_0$ の球内に電子が存在する確率は $1-13e^{-4}$（約 76 %）である（e は自然対数の底）．

5.2 量子数

■球対称でない解

波動方程式 (5.1.3) には球対称でない解も存在する．たとえば $\Psi(x,y,z) = Cz\exp(-dr)$（ただし $r = \sqrt{x^2+y^2+z^2}$）は解になっている．ボーア模型の $n=2$ に対応するエネルギーを与えるが 2s 波動関数とは明らかに別の解である．まず

$$\frac{\partial\Psi}{\partial x} = -dCz\exp(-dr)\frac{\partial r}{\partial x} = -d\frac{x}{r}\Psi \tag{5.2.1}$$

である．もう一度 x で偏微分すると

$$\frac{\partial^2\Psi}{\partial x^2} = -d\left[\frac{x}{r}\left(-d\frac{x}{r}\Psi\right) + \frac{1}{r^2}\left(r - x\frac{x}{r}\right)\Psi\right]$$

$$= \frac{d}{r^3}[x^2(dr+1) - r^2]\Psi \tag{5.2.2}$$

となる．y での偏微分では x を y に変えたものになる．z での偏微分は

別に計算しなければならない．同様に計算をすると

$$\frac{\partial \Psi}{\partial z} = \left(\frac{1}{z} - d\frac{z}{r}\right)\Psi \quad (5.2.3)$$

から

$$\frac{\partial^2 \Psi}{\partial z^2} = \frac{d}{r^3}[z^2(dr+1) - 3r^2]\Psi \quad (5.2.4)$$

である．したがって，

$$\left(\frac{\partial^2}{\partial x^2} + \frac{\partial^2}{\partial y^2} + \frac{\partial^2}{\partial z^2}\right)\Psi = (dr-4)\frac{d}{r}\Psi \quad (5.2.5)$$

となる．これを式 (5.1.3) に代入し，1s 波動関数の場合と同様に係数比較を行うと

$$d = \frac{mke^2}{2\hbar^2} = \frac{1}{2a_0} \quad (5.2.6)$$

および

$$E = -\frac{mk^2e^4}{8\hbar^2} \quad (5.2.7)$$

となる．このエネルギーは確かにボーア模型で $n=2$ とした場合と一致している．この解を **2p$_z$ 波動関数**という．このように複数の解が同じエネルギーをもつとき，それらは**縮重**しているという（**縮退**ということもある）．

2p$_z$ 波動関数では z が特別な方向であったが，z を x や y に取り替えても同じように波動方程式 (5.1.3) を満たすことは明らかである．しかも，これらは元の 2p$_z$ 波動関数とは明らかに異なる．したがって，z を

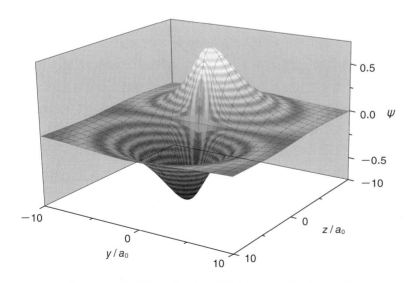

図 5.3 yz 平面 ($x=0$) 上における水素原子の 2p$_z$ 波動関数

他の変数に変えた二つの解は $2\mathrm{p}_z$ 波動関数とは独立な解であることがわかる．これらをそれぞれ **$2\mathbf{p}_x$ 波動関数**および **$2\mathbf{p}_y$ 波動関数**という．また，これら三つの解をまとめて **$2\mathbf{p}$ 波動関数**という．2p 波動関数はどれも同じエネルギーをもち，縮重している．このように三つの 2p 波動関数が縮重するのは三次元空間の対称性[*2]に由来している．つまり，縮重には必然性がある．これに対し，2s 波動関数と 2p 波動関数の縮重は水素原子に特有であり，偶然縮重ということもある．

*2 空間に特別な方向が無いため，直交する 3 軸を設定するとどれも同じ役割をもつべきであるという意味．

$2\mathrm{p}_z$ 波動関数は，z が正であるか負であるかによって符号が変わる．つまり $z = 0$ の平面が節面になっている．$2\mathrm{p}_z$ 波動関数を図 5.3 に示す．$2\mathrm{p}_z$ 波動関数は z 軸の方向に伸びた波動関数である（次項の図 5.4 も参照せよ）．

■量子数

水素原子の波動方程式 (5.1.3) は完全に解くことができて，ボーア模型と同じエネルギーの状態が存在することを教えてくれる．これらの状態はそれぞれ異なった波動関数に対応している．波動関数は三つの整数で指定することができる．これらを**量子数**という．

バルマーの式やボーア模型に現れた整数は電子のエネルギーを区別していた．水素原子においてエネルギーを区別する量子数を**主量子数**という．主量子数は自然数であり，通常，$\boldsymbol{n}$ で表す[*3]．主量子数 n の波動関数のエネルギーは，ボーア模型と同じく

*3 強調のための太字．ベクトルではない．

$$E = -\frac{mk^2 e^4}{2\hbar^2}\frac{1}{n^2} \qquad (5.2.8)$$

と表される．

n によらずエネルギーは負であり，$n = \infty$ でエネルギーが 0 になる．これは，自然数 n で指定できる状態は，電子が原子核に束縛された状態であることを意味している．いうまでもなく束縛されていない状態も可能であるが，自然数の主量子数ではそのような状態を指定できないのである．

最低エネルギーの水素原子から電子を取り去ってイオン化するのに必要な最小のエネルギー（**イオン化エネルギー**あるいは**イオン化ポテンシャル**）は

$$E_\infty - E_1 = \frac{mk^2 e^4}{2\hbar^2} \qquad (5.2.9)$$

で与えられることになる．

2s 波動関数と 2p 波動関数は同じエネルギーをもっていたが，前者は

特別の軸をもたないのに対し，後者は特別な軸をもっている．前者は角運動量が0であり，後者は0でない．このように軌道に付随する角運動量（**軌道角運動量**）を区別する量子数を**方位量子数**（あるいは**軌道量子数**）という．方位量子数は通常 l で表し[*4]，0から $n-1$ までの整数である．方位量子数 l の波動関数（状態）は，軌道角運動量 $\sqrt{L^2} = \sqrt{l(l+1)}\hbar$ をもつ．

*4 同前．

歴史的理由から，方位量子数を

$$l = 0, \quad 1, \quad 2, \quad 3, \quad 4, \quad \cdots$$
$$ \quad \text{s}, \quad \text{p}, \quad \text{d}, \quad \text{f}, \quad \text{g}, \quad \cdots$$

という対応関係によりアルファベットで表す習慣がある．これが 1s, 2s, 2p などの波動関数の名称の内容である．すなわち，1s 波動関数は $n=1$, $l=0$ であり，2p 波動関数は $n=2$, $l=1$ である．

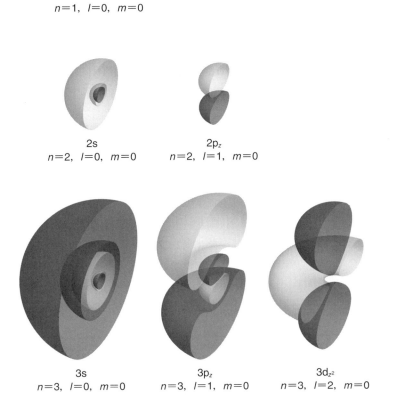

図 5.4 いくつかの水素原子の波動関数の等値面
内部構造が見えるように原子核を含む面でカットしている．縦方向が z 軸．色の違いは符号の違いを表す（本書カバー参照）．

68 | 5章 水素原子

*5 同前.

*6 実は少し複雑な事情がある. $m = \pm 1$ の波動関数の線形結合により p_x 波動関数と p_y 波動関数は作られる. 詳しくは適当な量子力学の教科書を参照せよ.

2p 波動関数は 3 種類あった. したがって, これらを区別する量子数が必要である. これを**磁気量子数**という. 磁気量子数は角運動量の方向を区別する量子数であり, 通常, **m** で表す*5. 磁気的な性質と関係しているのでこの名称をもつ. $-l$ から l までの整数をとる. p 波動関数は $l = 1$ であるから, $m = -1, 0, 1$ の 3 種があることになる. 先に求めた p_x, p_y, p_z 波動関数はこれに相当する*6. d 波動関数 ($l = 2$) は 5 種類あることになる.

$n \leq 3$ のいくつかの波動関数について, 電子の存在確率密度が一定の値となる領域を図 5.4 に示す. 示された領域内に存在する確率は約 76 % である. 1s 軌道を表す球は半径 $2a_0$ である. 主量子数 n が大きくなると領域が広がっているのは, 各点での存在確率が小さくなったことを反映している.

5.3 原子の大きさ

■ファン・デル・ワールス半径

水素原子の量子力学的な取り扱いによって, ボーア半径という原子の大きさについての目安が得られた. 物理定数を代入すると 0.053 nm ほどである. しかし, 1s 波動関数は無限遠方まで (小さいとはいえ) 有限の値をもつ. これでは原子の大きさを考えることに意味があるかという疑問がわく.

結晶内の原子・分子の配列を調べてみると, 異なる分子に属する原子の間の距離には, 原子の種類毎に決まった最小値が見出される. つまり, 原子毎に決まった, これ以上は近づけない距離がある. この原子間距離の最小値は, 各原子に固有の半径を割り振るとおおよそ再現される. このようにして決めた原子の半径を**ファン・デル・ワールス半径**という. 決め方によって多少の任意性があるので, 別の表からとった半径を混在して使うと, 不都合が生じる可能性がある. 現在では実験的に求めた結晶中の電子密度分布からファン・デル・ワールス半径を見積もることも行われている.

表 5.1 ファン・デル・ワールス半径 (nm)

H	0.11	N	0.15	O	0.140	F	0.135
		P	0.19	S	0.185	Cl	0.180
		As	0.20	Se	0.200	Br	0.195
		Sb	0.22	Te	0.220	I	0.216

ファン・デル・ワールス半径の一例を表5.1に示す。炭素原子は分子の表面に露出することがないので、表には含まれていない。ベンゼン環の厚みの半分は 0.170 nm である。同じ周期では原子番号が大きいほど小さくなり、同じ族では原子番号が大きいほど大きくなっている。

■**イオン半径**

イオン結晶についても、原子間距離について原子の種類毎に決まった最小値が見出される。この原子間距離の最小値は、ファン・デル・ワールス半径の場合と同じく、各原子に固有の半径を割り振るとおおよそ再現される。このようにして決めた原子の半径を**イオン半径**という。決め方によって多少の任意性があるので、別の表からとった半径を混在させて使うと、不都合が生じる可能性がある。

イオン半径の一例を表5.2に示す。概して陰イオンのイオン半径は陽イオンのそれより大きい。単原子イオンは同じ原子のファン・デル・ワールス半径と同じ程度の大きさをもつことがわかる。同じ周期では原子番号が大きいほど小さくなり、同じ族では原子番号が大きいほど大きくなっているのもファン・デル・ワールス半径の傾向と同じである。

表5.2 ポーリングのイオン半径 (nm)

				Li^+	0.060
O^{2-}	0.140	F^-	0.136	Na^+	0.095
S^{2-}	0.184	Cl^-	0.181	K^+	0.133
Se^{2-}	0.194	Br^-	0.195	Rb^+	0.148
Te^{2-}	0.221	I^-	0.216	Cs^+	0.169

■**共有結合半径**

共有結合をしている原子間の距離（結合の長さ）から経験的に原子の大きさを決めることができる。実験によれば、A と B という異なる原子からなる二原子分子（**異核二原子分子**）AB の結合長は、**等核二原子分子** A_2 と B_2 の結合長の平均に（ほぼ）等しい。そこで、等核二原子分子の結合長の半分を共有結合している原子の半径と考えることができる。このようにして決定した原子半径を**共有結合半径**という。実際に

表5.3 共有結合半径 (nm)

H	0.030	C	0.077	N	0.070	O	0.066	F	0.064
		Si	0.117	P	0.110	S	0.104	Cl	0.099
		Ge	0.122	As	0.121	Se	0.117	Br	0.114
		Sn	0.140	Sb	0.141	Te	0.137	I	0.133

は，等核二原子分子の結合長の半分を機械的に共有結合半径とするわけではないので，別の表からとった半径を混在させて使うと，不都合が生じる可能性がある．

共有結合半径の一例を表5.3に示す．同じ周期では原子番号が大きいほど小さくなり，同じ族では原子番号が大きいほど大きくなっているのは，ファン・デル・ワールス半径の傾向と同じである．

練 習 問 題

A. 2s軌道の波動関数を係数比較により決定せよ．

B. a を適切に決定すると xe^{-ar} が水素原子の波動方程式を満たすことを示せ（2p$_x$軌道）．

C. 水素原子の原子軌道を特徴付ける3種類の量子数を説明せよ．

参 考 書

菊池　修，『基礎量子化学』，朝倉書店，1976年．

D.A. マッカーリ, J.D. サイモン，『物理化学（上）―分子論的アプローチ―』（千原・齋藤・江口 訳），東京化学同人，1999年．

L. ポーリング，『一般化学（原書第3版）上・下』（関・千原・桐山 訳），岩波書店，1974年．

Column・コラム・4

相分離界面と極小曲面

物質の表面は内部とは異なる性質をもつ．その余分なギブズエネルギーは単位面積あたりで比較すべき量である．これを表面エネルギーという．表面エネルギーは力の次元をもつ．一般に表面エネルギーは正である．すなわち，物質は表面積を小さくしようとする性質をもつ．以下では，表面エネルギーによって界面の形が変わることを考えるので，対象を液体に限定することにする．このとき，表面エネルギーは「表面が縮もうとする力」である**表面張力**という形で取り扱うことができる[†1]．蓮の葉の上の水滴や雨滴が丸いことはこの現れである．容器になみなみとついだ液体が容器の縁の高さを越えてなおこぼれないのは，流れ広がって新しい表面を作るよりも盛り上がることでより少ない表面積にする方が安定であるためである．

石鹸膜[†2]を枠に張ると，表面張力によって最小の面積になるようにその形が決定される．このような曲面は**極小曲面**といって，**微分幾何学**において長らく研究されてきた対象である．極小曲面は裏と表が基本的に同等であり，各点における二つの主曲率（曲がり具合）の和[†3]が0であることが知られている．一方，シャボン玉や液滴のように包み込んだ体積を一定にする条件では，最小の面積をもつ曲面は，面上の各点

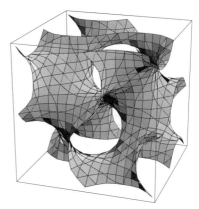

図 C4.1 自然界で広く見られる三重周期極小曲面（ジャイロイド）

において一定の曲率をもつ一定曲率曲面である．極小曲面は一定曲率曲面の特殊な場合である．

相分離で形成される界面も，表面張力と無関係ではない．水と油のようなマクロな相分離では，重力の影響もあって，その界面は基本的に最も簡単な極小曲面である平坦面になる．一方，濃厚な石鹸水や，2種類の鎖状高分子を共有結合でつないだブロックコポリマーなど，もっとミクロなスケールで相分離が起こる際には，三次元的な周期性をもった極小曲面（三重周期極小曲面）が現れることが知られている．最も広く出現する三重周期極小曲面を図 C4.1 に示す．自然は実に精妙で美しい造形物を構築するのである．

[†1] 厳密には表面エネルギーと表面張力は同じでないが，液体の場合には両者は一致する．
[†2] 石鹸膜を考えるときは，（以下の議論には関係しないものの，）裏と表に表面があるから表面張力は2倍になる．
[†3] この和を平均曲率という．

6章 多電子原子と周期表

●この章のねらい●

・電子配置の構成原理を説明できる
・周期表の成り立ちを説明できる

　この章では，5章で調べた水素原子についての結果をもとに多電子原子について考える．多電子原子の波動方程式を厳密に解析することはできないが，水素原子についての結果は非常に参考になる．多電子原子における電子「配置」を学ぶと周期表の意味するところがはっきりとする．

6.1 多電子原子のエネルギー準位

■ヘリウム原子の波動方程式

　ヘリウム原子は，原子核と電子2個からなる三体系である．三体系の方程式は，二体系の場合のように一体の運動に帰着することはできないが，波動方程式を書くことは難しくない．簡単のため原子核を原点に固定すると

$$\left[-\frac{\hbar^2}{2m}(\nabla_a{}^2 + \nabla_b{}^2) - ke^2\left(\frac{2}{r_a} + \frac{2}{r_b} - \frac{1}{r_{ab}}\right)\right]\Psi = E\Psi \quad (6.1.1)$$

である．ここで Ψ は波動関数，E はエネルギーである．m は電子の質量である．添え字 a と b は2個の電子を区別するもので，r_a は電子 a の原点からの距離，r_{ab} が電子 a と電子 b の間の距離である．

　残念ながら，式 (6.1.1) は水素原子の場合のようには（解析的には）解くことができない．これは水素原子以外のどの原子にも当てはまる．しかし，このことは量子力学が無用の長物であることを意味するわけで

6.1 多電子原子のエネルギー準位 | *73*

はない．次項で述べる通り，水素原子についての厳密な結果が一般の原子の理解に大いに役に立つのである．

■平均場近似

波動方程式を書き下すことができても，解析的に波動関数が求まらないというのは，原子に限らず，（水素分子イオン H_2^+ を除く[*1]）あらゆる分子にいえることである．このとき広く用いられる考え方は，一つの電子に注目し，それ以外の電子は注目する電子が運動する「平均的」な背景あるいは場を形づくるというものである．このように，多体的な問題（多体問題）を，平均的な背景を考えて一体問題で近似する考え方を**平均場近似**という．平均場近似は，多粒子の問題を扱う際の最も原始的かつかなり有効な近似であり，量子化学的な問題だけでなく統計力学などでも広く用いられる．

原子・分子の波動関数を求める問題では平均場近似は次のような形をとるのが普通である．式 (6.1.1) を満たす波動関数が

$$\Psi = \phi(r_a)\phi(r_b) \tag{6.1.2}$$

のように，電子 a と b についての関数の積で書けるとする．このとき電子 b の点 $\boldsymbol{r}_b$ 近傍における存在確率は $\phi(r_b)^*\phi(r_b)\mathrm{d}v_b$ と表すことができると考えられる[*2]．したがって，電子 a は，平均として電子 b と

$$v^{\mathrm{eff}}(r_a) = ke^2 \int \phi(r_b)^* \frac{1}{r_{ab}} \phi(r_b)\mathrm{d}v_b \tag{6.1.3}$$

という相互作用をしていると考えることができるだろう．すると，電子 a について $\phi(r_a)$ は

$$\left[-\frac{\hbar^2}{2m}\nabla_a{}^2 - ke^2\frac{2}{r_a} + v^{\mathrm{eff}}(r_a) \right]\phi(r_a) = E\phi(r_a) \tag{6.1.4}$$

という方程式を満たさなければならない．これを（ヘリウム原子についての）**ハートリー方程式**という．式 (6.1.4) は，$\phi(r)$ という関数を決めるためにその関数自身を必要としている．このように，つじつまの合う（あるいは「セルフ・コンシステントな」）関数を見出すことが平均場近似ではしばしば必要となる．式 (6.1.4) のような方程式を解くことを「**自己無撞着な解を求める**」などということがある．

なお，原子・分子の波動関数を求める問題については，最近，任意の（高）精度で厳密な解を構成する方法が発見された．

■多電子原子のエネルギー準位

水素原子の場合と同じように，多電子原子についてもスペクトルの研

*1 He も H_2^+ も三体系であるが，ボルン–オッペンハイマー近似（7 章）の下では，後者では 1 電子に関する波動関数を求めればよい．複数の電子に関わる項（式 (6.1.1) の r_{ab} を含む項）が存在しないことが本質的な相違となっている．複数の電子にまつわる諸々の効果を電子相関という．

2 波動関数の二乗が存在確率に比例することは 4 章で説明した．波動関数が複素関数の場合には複素共役（ をつけて表す）を掛けることで「大きさの二乗」（絶対値の二乗）になる．

究が多数行われた．その結果，水素原子のスペクトルと良い対応関係が見出された．つまり，水素原子と同じ量子数を使って状態（波動関数）を指定できるのである．実験で得られた対応関係を模式的に示したのが図6.1である．これは，遷移に関係する電子に注目して，それ以外の原子は平均的な背景を形づくっていると考えれば納得できることであり，平均場近似の有効性を示すものでもある．

図6.1から次のような特徴を読み取ることができる．

　ア．対応する軌道のエネルギーは原子番号が大きくなると低くなる．

　イ．主量子数が同じ波動関数（2sと2p）が異なるエネルギーをもつ．

　ウ．Heの1s軌道のエネルギーは，（厳密に計算した）He$^+$の1s軌道のエネルギーより相当高い．

　エ．主量子数の大きな軌道ほどエネルギーの変化量は小さい．

このうちアは，原子核の電荷が増えると，それに比例して静電ポテンシャルが大きく（深く）なることから理解できる（静電エネルギーの0は無限遠であった）．一方，ウは原子核との間に働く静電ポテンシャルだけでは多電子原子の軌道エネルギーが理解できないことを示してい

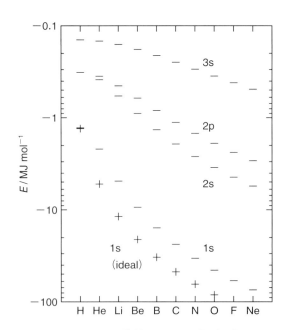

図 6.1 原子の軌道エネルギー（模式図）
1s (ideal) は原子核と1電子の場合の1s軌道の厳密なエネルギー．縦軸は対数スケールであることに注意．

て，電子間反発の重要性を示している．つまり，ウは電子間反発のためである．

イは，水素原子の軌道のエネルギーが主量子数だけで決まっていたのが特殊な事情であったことと関係している．水素原子では 2s 波動関数と 2p 波動関数は同じエネルギーをもっていたが（偶然縮重），この2つの関数の空間的な分布は大きく異なっていた．たとえば，2s 波動関数は原子核上に有限の電子密度をもつが，2p 波動関数は原子核上では厳密に 0 である．このように異なる波動関数は，主量子数が同じでも空間的に異なる分布をするから，他の電子と原子核が作る実効的なポテンシャルに差が生じる．このため，エネルギーにも差が生じるのである．一方，2p 波動関数は 3 個あったが，空間（あるいはその中に置かれた原子）の対称性は多電子原子になっても変わらないから，空間の対称性に由来する 2p 波動関数の縮重は相変わらず残っている．

エは，主量子数が大きな波動関数ほど原子核から離れた領域に大きな値をもつ，すなわち電子の存在確率が大きいこと（図5.2，5.4 を参照）と関係している．原子核から遠く離れた位置から眺めると，原子核の電荷は他の電子によって打ち消されて小さく見える．これを**遮蔽**という．主量子数が大きいほど遮蔽がうまく働き，水素原子との差異が小さくなるのである．

図 6.1 はネオンまでの狭い領域のものであるが，現在では実験および理論的な研究により，多電子原子における軌道エネルギーは，低い方から

$$1s < 2s < 2p < 3s < 3p < 4s < 3d < 4p <$$
$$5s < 4d < 5p < 6s < 4f < 5d < \cdots$$

となることがわかっている．

6.2 多電子原子の電子配置

■電子配置の構成原理

水素原子の場合には電子が 1 個なので，最もエネルギーが低い軌道に電子が存在する状態が最安定である．このようにエネルギーが最も低い状態を**基底状態**という．「基底状態の水素原子では，電子は最もエネルギーの低い 1s 軌道を占有する」，と表現することができる．これは非常にわかりやすい．しかし，多電子原子では，全ての電子が 1s 軌道を占める状態が基底状態ではないことがわかっている．

6章　多電子原子と周期表

*3　10章で見る通り，実はこのことが分子間の強い斥力の起源であって，物質が形をもつことの原因になっている．

*4　しかしスピンは純粋に量子力学的な量であり，古典力学にアナロジーを求めるのは必ずしも適切でない．

*5　光電子や ^{4}He などがある．液体 ^{4}He が極低温で示す超流動という性質は，ボーズ粒子であることと関係している．

考えられる多くの電子配置（複数の軌道を電子が占有する方法）の中で，最もエネルギーの低い配置を最安定電子配置という．最安定電子配置は二つの規則を満たす必要があることが知られている．一つは**パウリの原理**あるいは**パウリの排他律**として知られる原理であり*3，ミクロな粒子は区別しようがないという，量子力学の原理の直接の帰結である．パウリの原理は「同じ状態を占めることができる電子は1個に限られる」と表現できる．これによって，全ての電子が1s軌道を占める状態が禁止される．実は，電子は**スピン**という内部自由度をもつ．スピンは電子が内部にもつ角運動量を表していて，通常，**スピン量子数** $s = \pm 1/2$ で区別される．状態が二つしかないので「上向きスピン」と「下向きスピン」のようにいうこともある．また，粒子が軌道運動以外にもつ角運動量であるから，自転にアナロジーを求め，「右巻きスピン」と「左巻きスピン」のようにいうこともある*4．いずれにせよ，電子のスピンには2種類しかないから，パウリの原理によれば，スピンの自由度を考慮しても同じ軌道を3個以上の電子が占有することはない．

パウリの原理に従う粒子を**フェルミ粒子**，パウリの原理に従わず一つの状態を占める粒子数に制約のない粒子を**ボース粒子***5 という．ミクロな粒子は，量子力学の原理によりいずれかに限られる．フェルミ粒子のスピン量子数は電子のように半整数であるが，ボース粒子のスピン量子数は0または自然数である．

電子配置において満たすべきもう一つの規則は**フントの規則**である．フントの規則は，「同じエネルギーの軌道が複数ある場合，電子は別々の軌道を同じスピン量子数をもって占有する」と表現できる．フントの規則は実験的に発見されたものであり，量子力学の原理に基づくようなものではないが，多くの場合，成立している．

■原子の電子配置

図6.1に示されたようなエネルギーをもつ軌道が可能なとき，基底状態（最もエネルギーの低い状態）において，多電子原子中で電子がどのように配置しているかを，前項のパウリの原理とフントの規則に従って考える．

水素原子では電子は1s軌道を占有する．これを $(1s)^1$ と表現する（単に1sと表現することもある）．ヘリウム原子では，1個目の電子は水素原子と同様に1s軌道を占有し，2個目の電子は1個目と逆のスピンをもって占有することができる $[(1s)^2]$．リチウム原子では，3個目の電子はパウリの原理によって1s軌道に入ることはできない

ので 2s 軌道を占めることになる $[(1s)^2(2s)^1$ あるいは $(1s)^2 2s$, 以下では 1 電子占有について括弧無しの表記を使う]. ベリリウム原子では 1s 軌道と 2s 軌道に 2 個ずつの電子が入ることになる $[(1s)^2(2s)^2]$. ホウ素原子では, 次の電子はパウリの原理の制約のため 2p 軌道を占有する $[(1s)^2(2s)^2 2p]$. 次の炭素原子では, いよいよフントの規則を考えなければならない. 外場が無い状態ではどんな原子でも 2p 軌道の縮重は残る (あるいは「**縮重が解けない**」) からである. 結局, 炭素原子では 1s 軌道の 2 個, 2s 軌道の 2 個にくわえて, たとえば $2p_x$ 軌道に 1 個と $2p_y$ 軌道に 1 個の電子が入る $[(1s)^2(2s)^2 2p_x 2p_y]$. 2p 軌道を占有する電子のスピンは同じである. これをナトリウム原子まで続けると, 窒素原子 $[(1s)^2(2s)^2 2p_x 2p_y 2p_z]$, 酸素原子 $[(1s)^2(2s)^2(2p_x)^2 2p_y 2p_z$, ここでは 2p のどの軌道が二重占有でもよい. 以下同じ.], フッ素原子 $[(1s)^2(2s)^2(2p_x)^2(2p_y)^2 2p_z]$, ネオン原子 $[(1s)^2(2s)^2(2p_x)^2(2p_y)^2(2p_z)^2]$, ナトリウム原子 $[(1s)^2(2s)^2(2p_x)^2(2p_y)^2(2p_z)^2 3s]$ となる. 各軌道のエネルギー準位の順序は先に示したから, ごく一部の例外を除き, 同様にして原子の電子配置を決めることができる.

■いくつかの用語について

電子配置に関していくつか知っておくべき用語がある. これまでにも使ったが, 最もエネルギーの低い状態を**基底状態**という. 基底状態はエネルギー的に最も安定な状態でもある. これに対し, 最も安定ではない状態を**励起状態**といい, ある状態からよりエネルギーの大きい (高い) 状態にすることを,「**励起**する」という. これらは, 原子・分子の電子配置に限らず使われる用語である. 熱エネルギーが関係するような問題では, 基底状態は 0 K (絶対零度) で実現する状態のことである.

同じ軌道を占有する 2 個の電子を**電子対**という. エネルギーが小さい方から電子を配置すると, フントの規則によって別の軌道を占有する場合以外には, 電子は電子対を作ることになる. これに対し, 電子対を作っていない電子を**不対電子**という. 不対電子をもつ原子・分子を**ラジカル**という. ラジカルは化学反応性が大きい.

主量子数が等しい電子あるいは軌道の集合を**電子殻**という. 電子殻は主量子数によって

n	電子殻
1	K 殻
2	L 殻
3	M 殻

78 | 6章　多電子原子と周期表

のように呼ぶのが普通である．2s軌道や2p軌道のような主量子数が同じで方位量子数が異なる軌道の集まりを**副殻**という．これらは，たとえば，「周期表第2周期ではL殻に電子が入る」とか「ホウ素原子からネオン原子ではL殻の副殻に電子が入る」といった具合に使う．

6.3　原子の電子配置と周期表

■周期表

　化学における周期表の重要性について知らない人はいないだろう．周期表ははじめD.I. メンデレーエフが原子量に基づいて提唱したものである（1869年）．このときミクロの世界の理論は何も知られていなかったし原子の構造についても何も知られていなかった．元素の性質が原子量の関数として周期性を示すのは不思議なことであったに違いない．

　現代の周期表は，横軸に原子番号（原子核の電荷に等しい）をとり，元素を並べる．化学的に性質の似た元素が縦に並ぶことは説明するまでもないだろう．こうした元素の化学的性質は，元素の電子配置と密接に関わっている．たとえば，1族を取り上げると，各原子の（基底状態における）電子配置は

H　$(1s)^1$

Li　$(1s)^2(2s)^1$

Na　$(1s)^2(2s)^2(2p)^6(3s)^1$

K　$(1s)^2(2s)^2(2p)^6(3s)^2(3p)^6(4s)^1$

Rb　$(1s)^2(2s)^2(2p)^6(3s)^2(3p)^6(4s)^2(3d)^{10}(4p)^6(5s)^1$

Cs　$(1s)^2(2s)^2(2p)^6(3s)^2(3p)^6(4s)^2(3d)^{10}(4p)^6(5s)^2(4d)^{10}(5p)^6(6s)^1$

Fr　$(1s)^2(2s)^2(2p)^6(3s)^2(3p)^6(4s)^2(3d)^{10}(4p)^6(5s)^2(4d)^{10}(5p)^6(6s)^2$
　　$(4f)^{14}(5d)^{10}(6p)^6(7s)^1$

*6　$(1s)^2$でなく$1s^2$のように書く軌道の括弧を省略する表記法もある．

となる[6]．主量子数nは異なるが，いずれの電子配置も，一番右側（最もエネルギーが高い）のs軌道に1個の電子がある．他の族でも調べてみると，同様の状況にある．つまり同族原子は主量子数こそ異なるが，対応した電子配置をもっている．電子殻という用語を使えば，「同族元素は異なる電子殻に同じ電子配置をもっている」，とも表現できる．

　同族元素は化学的性質が似通っていた．上述の電子配置の共通性から，元素の化学的性質を決めるのは，最もエネルギーの高い，空間的にも原子核から遠い軌道における電子配置であると結論できる．ここで問題になっている，「最もエネルギーが高く，空間的にも外側にある電子

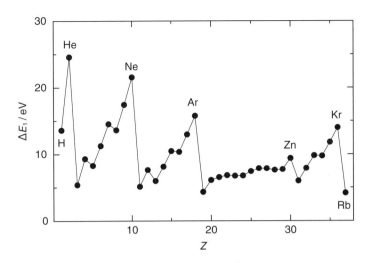

図 6.2　原子の第 1 イオン化エネルギー

殻」を「**最外殻**の電子殻」とか「**最外殻**の軌道」という．

■**イオン化エネルギー**

　中性の原子から電子 1 個を引き離すのに必要な最小のエネルギーを**第 1 イオン化エネルギー**あるいは**第 1 イオン化ポテンシャル**という．ここで第 1 と指定しているのは，一般の原子は複数の電子をもつので，中性の原子から 1 個の電子を奪う場合と限定するためである．第 2 イオン化エネルギーは +1 価の原子イオンからもう一つ電子を奪うのに必要な最小エネルギーであり，以下，第 3，第 4 と（電子がある限り）続けることができる．

　水素原子からルビジウム原子にいたる第 1 イオン化エネルギーを図 6.2 に示す．これから次のような傾向が読み取れる．

　　ア．同じ周期では全体として原子番号が大きいほど大きい．
　　イ．次の周期に移るところで激減する．
　　ウ．同じ周期の内部にも小さな構造（凸凹）がある．

こうした傾向は，電子配置の構成原理によって最外殻の軌道を特定し，図 6.1 のように各軌道のエネルギー準位が変化することを考慮すると説明することができる．ここで「化学的に安定だから」といった理由が入る余地はないことに注意しよう（練習問題 B）．ミクロな化学の理解において「化学的に安定」は**原因**ではなく**結果**である．

■**電子親和力**

　以上の理解にたつと，原子核が電子をどれだけ引きつけた状態で安定

80 | 6章　多電子原子と周期表

表6.1　電子親和力 (eV)

H	0.75	C	1.27	F	3.34
Li	0.62	O	1.47	Cl	3.61
Na	0.55	P	0.75	Br	3.36
K	0.50	S	2.08	I	3.06

に存在できるかは，電子を束縛した状態のエネルギーと，その電子を無限遠方に引き離した状態のエネルギーの相対的な大小で判断すべきことがわかるだろう．ここにはオクテット（八隅子）説のような飽和性は現れない．

　中性の原子が電子1個を余分に捕捉する際に放出されるエネルギーを**電子親和力**という．「力」という字が使われるが，力ではないので注意したい．電子親和力は，1価の陰イオンの第1イオン化エネルギーといってもよい．いくつかの原子の電子親和力を表6.1に示す．陰イオンになりやすいハロゲン元素が大きな電子親和力をもつのは当然として，アルカリ金属元素も電子親和力が正であることに注目したい[*7]．陽イオンになりやすいとか陰イオンになりやすいというのは，あくまで，ある環境においてどちらがより低いエネルギーをもつかという相対的なものなのである．

　元素の**電気陰性度**は共有結合における電子分布の偏りの指標である．電気陰性度の差が大きい原子の間の結合は電荷の偏りが大きく，電気陰性度の大きな原子に電子が偏って負に帯電する．電気陰性度には広く使われている数値として少なくとも2種類がある．R. マリケンは，第1イオン化エネルギーを IP，電子親和力を EA として

$$\text{電気陰性度} = \frac{IP + EA}{2\,\text{eV}} \tag{6.3.1}$$

と定義した．もう一つの数値はL. ポーリングが化学結合についての量子力学的な扱いに基づいて与えた．ポーリングの電気陰性度はマリケンの値のおよそ3.15分の1である．

*7　Na^- と $Na + e^-$ を比べると Na^- の方がエネルギーが低いということ．

練 習 問 題

A. 平均場近似を説明してみよ．

B. 第1イオン化エネルギーの原子番号依存性を説明せよ．（注意：「希ガスは閉殻構造をもつからイオン化エネルギーが大きい」というのは原因と結果を取り違えた誤答である）．

C. 原子半径（表5.1から表5.3）の原子番号依存性を説明してみよ．

参　考　書

菊池　修,『基礎量子化学』, 朝倉書店, 1976 年.

D.A. マッカーリ, J.D. サイモン,『物理化学（上）―分子論的アプローチ―』
（千原・齋藤・江口 訳）, 東京化学同人, 1999 年.

L. ポーリング,『一般化学（原書第 3 版）上・下』（関・千原・桐山 訳）, 岩
波書店, 1974 年.

Column・コラム・5

細胞膜の変形と相分離・相転移

　細胞膜などの生体膜の主成分は脂質と総称される物質であり，両親媒性，すなわち界面活性剤としての性質をもつ．石鹸分子と同様，水に溶けて自己集合し，様々な構造物を作る．どのような構造物を作るかは，分子の形状を端的に表現する**充塡パラメータ**に基づいて理解することができる．細胞膜の構造である二重膜を想像しよう．このとき分子（体積 v）の形状をイメージするのに，水層に接した親水基の占める面積（a）と分子の長さ（l）を利用することができる（図C5.1）．これらにより充塡パラメータ（p）は，

$$p = \frac{v}{al}$$

と定義される．簡単な幾何学的な計算により，平坦な二重膜では $p = 1$，半径 l の円柱を作るときは $p = 1/2$，球を作る場合には $p = 1/3$ となっていることがわかる．充塡パラメータは分子の形を表すパラメータだから，分子の種類ごとに定義されることに注意しよう．一方で，熱運動によって分子の形状が変化し得るから，環境によって変化することにも注意する．実際の分子が 1/2 などの特別な値ぴったりの充塡パラメータをもつことはないので，充塡パラメータは

　　平坦面（膜）　　　　$p \approx 1$

　　円柱（柱状ミセル）　$\frac{1}{3} < p < \frac{1}{2}$

　　球（球状ミセル）　　$p < \frac{1}{3}$

のように幅をもって理解されている．

　細胞膜のような混合物の作る集合体では，その形状は集合体を構成する分子の充塡パラメータの「平均値」に支配される．ここで，$p = 1$ の円柱状分子と $p < 1$ の円錐型分子から構成され

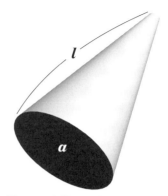

図 C5.1　脂質分子の概形を親水基の断面積と分子長で表す

ている集合体を考える．高温では，一般に混ざり合うことによる利得があるので均一に混ざり合っているとする．このとき，円錐状分子の割合が少なければ，集合体は膜（ラメラ構造）になるであろう．実際には，分子よりも十分大きな長さでは分子は平面と湾曲面を区別できないし，表面張力の効果のため二重膜の側面を水にさらして存在するのは不利だから，球状に閉じた集合体（ベシクル）が安定である．温度が低下し，二重膜の内部で相分離が起こると，円錐状分子が集まった領域は平坦面を保つことができず，円柱状分子の膜の側面を覆う形に集合すると好都合である．すると，球状に閉じていたベシクルに孔が開くことになる．この過程で膜の変形とトポロジーの変化が生じる．細胞膜の変形とトポロジー変化は，実際の細胞の内外の物質移動，捕食，細胞分裂などできわめて重要な役割を果たしている．上述のように，異なる形状の脂質分子の集合・分散による分子論的な過程が関係しているとして，研究が進められている．

参　考　書

瀬戸秀紀，『ソフトマター』，米田出版，2012年．

7章 化学結合

●この章のねらい●

・化学結合における量子力学の意味を説明できる
・局在した化学結合の意味を説明できる

この章では，簡単なモデルを用いて化学結合について理解を深める．はじめに原子がほぼ一定の大きさをもつという事実から出発し，原子のモデルとして箱に閉じこめられた電子を考える．箱の大きさが変化するとエネルギーがどう変化するかを計算し，化学結合が電子の波としての性質と関わっていることを見る．一方，このような考え方だけをすると，3原子以上からなる分子における結合は，常に分子全体に拡がっていることになる．「原子と原子の結合」という見方の妥当性についても検討する．

7.1 箱の中の粒子：原子のモデル

■水素分子の波動方程式

複数の原子核と複数の電子からなる最も簡単な分子は水素分子（H_2）である．残念ながら，この水素分子に対してすら波動関数を解析的に求めることはできない．しかし，波動方程式を書くことは難しくない．形式的には

$$H\Psi = E\Psi \qquad (7.1.1)$$

である．ここでHはハミルトニアン演算子，Ψは波動関数，Eはエネルギーである．Hは運動エネルギーKとポテンシャルエネルギーVの和である．

$$H = K + V \qquad (7.1.2)$$

$$K = -\frac{\hbar^2}{2m}(\nabla_a{}^2 + \nabla_b{}^2) - \frac{\hbar^2}{2M}(\nabla_A{}^2 + \nabla_B{}^2)$$

$$V = -ke^2\left(\frac{1}{r_{Aa}} + \frac{1}{r_{Ab}} + \frac{1}{r_{Ba}} + \frac{1}{r_{Bb}} - \frac{1}{r_{ab}} - \frac{1}{r_{AB}}\right)$$

ここで大文字の添え字 A と B で陽子 (水素原子核) を, 小文字の添え字 a と b で電子を区別した. また, m と M はそれぞれ電子と陽子の質量である. r_{XY} は X と Y の距離を表している.

■箱の中の粒子

残念ながら式 (7.1.1) は解析的には解くことができない. そこで原子をもっと簡単なモデルにしてみる. 5 章で学んだ通り, それぞれの元素の原子には (ほぼ) 決まった大きさがある. したがって, ある大きさの領域に電子が閉じこめられている状態を, 非常に粗い「原子のモデル」と考えることができるだろう[*1]. 原子は球対称と考えられるが, 計算を簡単にするために, ここでは「閉じこめられる領域」として立方体を考える. 立方体の一辺を L とすると波動方程式は

> *1 このモデルは 5 章の式 (5.1.3) に相当する相対運動についてのモデルである.

$$\left[-\frac{\hbar^2}{2m}\left(\frac{\partial^2}{\partial x^2} + \frac{\partial^2}{\partial y^2} + \frac{\partial^2}{\partial z^2}\right) + V(x, y, z)\right]\Psi = E\Psi \quad (7.1.3)$$

$$V(x, y, z) = 0 \quad (0 < x, y, z < L)$$

$$V(x, y, z) = \infty \quad (\text{上記以外})$$

と書ける.

Ψ として, 座標のそれぞれの成分だけの関数の積である次の形を考える.

$$\Psi = \varphi_x(x)\,\varphi_y(y)\,\varphi_z(z) \quad (7.1.4)$$

式 (7.1.3) に代入すると,

$$-\frac{\hbar^2}{2m}\left(\varphi_y(y)\varphi_z(z)\frac{\partial^2}{\partial x^2}\varphi_x(x) + \varphi_x(x)\varphi_z(z)\frac{\partial^2}{\partial y^2}\varphi_y(y)\right.$$
$$\left. + \varphi_x(x)\varphi_y(y)\frac{\partial^2}{\partial z^2}\varphi_z(z)\right)$$
$$+ V(x, y, z)\varphi_x(x)\varphi_y(y)\varphi_z(z) = E\varphi_x(x)\varphi_y(y)\varphi_z(z) \quad (7.1.5)$$

である. 波動関数 (7.1.4) は連続関数で, **恒等的**に (引数によらず) 0 であってはいけない. したがって, 波動関数が 0 でない値を取る座標 (x, y, z) では, 式 (7.1.5) の両辺を式 (7.1.4) で割った

$$-\frac{\hbar^2}{2m}\left(\frac{1}{\varphi_x(x)}\frac{\partial^2}{\partial x^2}\varphi_x(x) + \frac{1}{\varphi_y(y)}\frac{\partial^2}{\partial y^2}\varphi_y(y) + \frac{1}{\varphi_z(z)}\frac{\partial^2}{\partial z^2}\varphi_z(z)\right)$$
$$+ V(x, y, z) = E \quad (7.1.6)$$

が成立しなければならない. $V(x, y, z)$ の性質 [式 (7.1.3)] を思い出す

と，$\alpha = x, y, z$ として

$$v_\alpha(\alpha) = 0 \quad (0 < \alpha < L)$$
$$v_\alpha(\alpha) = \infty \quad (\alpha \leq 0 \text{ および } L \leq \alpha) \tag{7.1.7}$$

を使って，式 (7.1.6) は

$$\sum_\alpha \left(-\frac{\hbar^2}{2m}\frac{\mathrm{d}^2}{\mathrm{d}\alpha^2} + v_\alpha(\alpha) \right)\varphi_\alpha(\alpha) = \sum_\alpha \varepsilon_\alpha \varphi_\alpha(\alpha) \tag{7.1.8}$$

と書き直すことができる．結局，これを解くということは

$$\left(-\frac{\hbar^2}{2m}\frac{\mathrm{d}^2}{\mathrm{d}\alpha^2} + v_\alpha(\alpha) \right)\varphi_\alpha(\alpha) = \varepsilon_\alpha \varphi_\alpha(\alpha) \tag{7.1.9}$$

を解くことに帰着する．この問題を**一次元の箱**の問題という（4 章の練習問題 E）．このとき，全エネルギー E は

$$E = \varepsilon_x + \varepsilon_y + \varepsilon_z \tag{7.1.10}$$

で与えられる．

■一次元の箱

波動方程式 (7.1.9) あるいは元の式 (7.1.3) を書き下す際に，箱の中に粒子が閉じこめられていることを，"箱の外ではポテンシャルエネルギーが無限に大きい" と表現した．波動関数の大きさの二乗が粒子の存在確率であったから，箱の外では波動関数は 0 になるべきであることがわかる．さらに波動関数は連続であるべきだから，結局

$$-\frac{\hbar^2}{2m}\frac{\mathrm{d}^2}{\mathrm{d}\alpha^2}\varphi(\alpha) = \varepsilon\varphi(\alpha) \tag{7.1.11}$$

という微分方程式を $0 \leq \alpha \leq L$ において，領域（箱）の両端で 0 となる**境界条件**の下で解けばよいことがわかる．すなわち，境界条件は

$$\varphi(0) = \varphi(L) = 0 \tag{7.1.12}$$

である．

式 (7.1.11) は，求める解 $\varphi(\alpha)$ が 2 回微分すると符号が反転する関数であることを示している．このような関数として，A, B を 0 でない定数として

$$A\sin(k\alpha) \quad \text{および} \quad B\cos(k\alpha)$$

を考えることができる．ところが，式 (7.1.12) によって $\varphi(0) = 0$ である．したがって，後者は適当でない．そこで

$$\varphi(\alpha) = A\sin(k\alpha) \tag{7.1.13}$$

とする．再び式 (7.1.12) によって $\varphi(L) = 0$ であるから，n を整数として

$$kL = n\pi$$

であることがわかる．こうして

$$\varphi(\alpha) = A \sin\left(\frac{n\pi}{L}\alpha\right) \qquad (7.1.14)$$

であることがわかった。式 (7.1.14) を式 (7.1.11) に代入し，係数比較を行うと

$$\varepsilon = \frac{\pi^2\hbar^2}{2mL^2}n^2 = \frac{h^2}{8mL^2}n^2 \qquad (7.1.15)$$

であることがわかる。

ここで n について考える。n がどんな整数でも式 (7.1.14) は境界条件 (7.1.12) を満たしているが，$n = 0$ は特別である。このとき，式 (7.1.14) は恒等的に 0 になる。

$$\varphi(\alpha) = A \sin\left(\frac{0\cdot\pi}{L}\alpha\right) = 0 \qquad (7.1.16)$$

波動関数の二乗が粒子の存在確率であったことを思い出すと，この解は粒子が存在することを表現していないことがわかる。したがって $n = 0$ は意味のある解ではない。

次に n の正負について考える。解 (7.1.14) は奇関数であるから，n の正負は A の正負の反転と等価である。規格化で決まる A の符号にはもともと物理的な意味が無かったので，絶対値の等しい正負の整数で指定される解は同じものである。したがって，n としては正の整数（自然数）に限ってよいことがわかる。結局，波動方程式 (7.1.1) の解である式 (7.1.14) で，n は自然数に限られることがわかった。

ここでは一次元の箱を，原子の粗いモデルとして取り扱っているが，直鎖ポリエンの π 電子の簡単なモデルと見なすこともできる。このため，専門的に化学の学習を続けると「一次元の箱」には光化学や有機化学で再会することになろう。

■零点エネルギー

エネルギーを表す式 (7.1.15) を見ると，エネルギーは自然数 n ごとに決まった大きさをもつことがわかる。n が大きくなるとエネルギーが大きくなるから，最低のエネルギーの状態は $n = 1$ である。つまり，一次元の箱ではエネルギーに最低値があり

$$\varepsilon = \frac{h^2}{8mL^2} \qquad (7.1.17)$$

である。許されるエネルギーは常にこれの整数倍であるから，この大きさは（一次元の箱における）エネルギーの「単位」のようなものである。原子のおおよその大きさであった 0.1 nm を箱の大きさ（L）と考えると，式 (7.1.17) のエネルギーは $3.6\cdot10^{-20}$ kJ ≈ 38 eV となる。水素原子の

イオン化エネルギー (13.6 eV) と同程度の非常に大きなエネルギーである.

最低のエネルギーである式 (7.1.17) は, ポテンシャルエネルギー $v_\alpha(\alpha)$ の最小値である 0 とは異なる. 箱に閉じこめただけで, 最低のポテンシャルエネルギーとは異なるエネルギーをもつのである. これは古典力学とは著しく異なった結果である. このような, 最低準位のエネルギーを, **零点エネルギー**という. 決まった区間で電車がレールの上を走るのも, 一次元の箱の状況と同じに見える. しかし, m も L も非常に大きい. このため, 実際上, 零点エネルギーはポテンシャルエネルギーの最低値と一致し, エネルギーの離散性は検知されない. このような場合には古典力学で十分なのである.

■箱の中の粒子の波動関数とエネルギー

一次元の箱の問題が解けたので, その結果を使うと, 結局, 三次元の立方体 (一辺の長さ L) では波動方程式は

$$\Psi(x, y, z) = C \sin\left(\frac{n_x \pi}{L} x\right) \sin\left(\frac{n_y \pi}{L} y\right) \sin\left(\frac{n_z \pi}{L} z\right) \quad (7.1.18)$$

エネルギーは

$$E = \frac{h^2}{8mL^2}(n_x{}^2 + n_y{}^2 + n_z{}^2) \quad (7.1.19)$$

である. ただし, C は規格化で決まる定数, n_x, n_y, n_z はいずれも自然数である.

7.2 化学結合

■「原子 = 箱」モデルにおける化学結合

前節の「原子 = 箱」モデルで二原子分子 (水素分子) の化学結合を考える. 以下ではエネルギーが最低の状態だけを問題にする[2].

原子核 (ここでは陽子) と電子の質量には大きな差 (約 1800 倍) があるので, 原子核の運動についての量子力学的効果は電子に比べてずっと小さい. さらに, 電子の運動は十分速く, 電子の状態は原子核の変位に追随していると考えられる. このため, 原子核を固定して電子のエネルギーを計算し, 原子核間の相互作用としては静電的相互作用のみを考慮することが許されると考えられる. このような近似を**ボルン-オッペン**

[2] ここでは運動エネルギーに着目した化学結合の見方を説明する. 運動エネルギーと静電的エネルギーの関係 (ビリアル定理) に着目して, 結合エネルギーを静電的エネルギーの低下に関係づける考え方もある. 詳しくは専門書 (たとえば, 山口兆, 『物性量子化学』, 朝倉書店, 2016 年) を参照せよ.

ハイマー近似という．ボルン–オッペンハイマー近似は多くの化学的問題では有効で，ほとんどの量子化学計算はこの近似を用いている．（ただし，最近ではこの近似の不十分さにも関心が高まっている．）

さて，「原子 ＝ 箱」モデルを使って化学結合について簡単な計算をしてみる．前節に倣い水素原子を立方体で置き換える．立方体の一辺の長さを r とする．2 個の原子 A と B が独立に存在するときのエネルギー E_{kb} は

$$E_{kb} = E_{kA} + E_{kB} = \frac{3h^2}{8mr^2} + \frac{3h^2}{8mr^2} = \frac{3h^2}{4mr^2} \quad (7.2.1)$$

である．こうして計算したエネルギーは電子の運動エネルギー（添字 k）だけである．

化学結合を作った状態では箱が $r \times r \times 2r$ になったと考える．このとき電子の運動エネルギー E_{ka} は最低エネルギー状態に 2 個の電子が存在するから，

$$E_{ka} = 2\left[\frac{h^2}{8mr^2}(1^2 + 1^2) + \frac{h^2}{8m(2r)^2}(1^2)\right] = \frac{9h^2}{16mr^2} \quad (7.2.2)$$

となり，結合形成前後のエネルギー変化は

$$\Delta E_k = E_{ka} - E_{kb} = \left(\frac{9}{16} - \frac{3}{4}\right)\frac{h^2}{mr^2} = -\frac{3h^2}{16mr^2} \quad (7.2.3)$$

である．これは常に負である．つまり，（電子の）運動エネルギーは運動できる領域の拡大により必ず低下する．

これに対し，粒子（原子核と電子）間には静電気的な相互作用がある．箱に閉じこめた段階で，原子核と電子の相互作用を考慮しているので，ここでは原子核間および電子間に働く反発を考慮しなければならない．原子核は立方体の中心にあると考えられるので，原子核間の相互作用によるエネルギーの増分は

$$k\frac{e^2}{r} \quad (7.2.4)$$

である．電子は非局在化しているが，平均的には立方体の中心にあると考えることにすると，電子間の相互作用によるエネルギーの増分も式 (7.2.4) と同じになる．結局，結合形成によるポテンシャルエネルギーの増分は，大雑把には

$$\Delta E_p = 2k\frac{e^2}{r} \quad (7.2.5)$$

と見積もられる．これは常に正である．

原子の大きさ（r）の関数として式 (7.2.3) および式 (7.2.5) をグラフにすると図 7.1 が得られる．グラフには，結合形成前後の全エネルギー

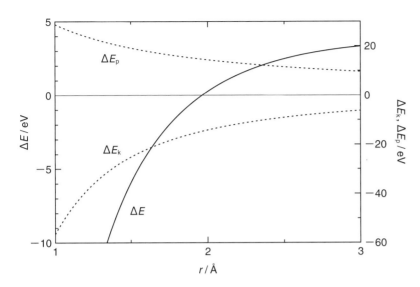

図 7.1 「原子＝箱」モデルにおける化学結合形成による，エネルギーの箱の大きさ (r) への依存性：全エネルギー (ΔE)，運動エネルギー (ΔE_k)，ポテンシャルエネルギー (ΔE_p) を示す．

の変化

$$\Delta E = \Delta E_k + \Delta E_p \tag{7.2.6}$$

も描かれている．全エネルギーが約 2 Å で符号を変え，それ以下では負となることがわかる．つまり，これ以下では零点エネルギーの低下が静電的な反発を上回るのである．原子の大きさはおおよそ 0.1 nm = 1 Å であったから，原子が結合を作って電子の運動可能領域が拡がると，別々に存在するよりもエネルギーが低下する，すなわち，より安定になるのである．

このような化学結合のイメージは，点状の電子が原子に固定的に「共有」されるのとは全く異なっているといわざるを得ない．この意味で，化学結合は古典的にイメージできる現象ではないのである．

歴史的には，量子力学が確立したわずか 2 年後 (1927 年) に，量子力学を本格的に化学結合に応用した研究成果が W. ハイトラーと F. ロンドンによって報告された．化学結合の理解にはそれまでの理論は全く不十分であり，新しい理論的枠組みが渇望されていたのである．ハイトラーとロンドンは，「ミクロな粒子は区別できない」という量子力学の原理を考慮した取り扱いのみが化学結合を正しく記述することを示した．確かに化学現象の記述には量子力学が不可欠なのである．

■**結合性軌道と反結合性軌道**

現実的な波動関数を求めるには込み入った数値計算が必要である．得られる結果は図 7.2 の a, b のようなものになる．b が最低エネルギーの波動関数である．グラフのとがった位置に原子核が存在する．一方「原子＝箱」モデルにおける対応する最低エネルギー（$n=1$）の波動関数は d である．水素原子の 1s 波動関数がそうであったように，どちらの場合も波動関数には節（波動関数が 0 になるところ）が無い．これに対し，この次にエネルギーが低いのは a と c である．いずれも 2 個の原子核の中点に（波動関数が 0 になる）節をもつ．このように，細かい点には改良の余地があるが，「原子＝箱」モデルは波動関数の特徴を定性的にはよく再現している．最低エネルギーの波動関数（軌道）は 2 個の原子核の間でも 0 にならず，電子が有限の確率で存在することがわかる．この意味で，2 個の電子を 2 個の原子核が共有していると見なすこともできる（**共有結合**）．このため，これら最低エネルギーの軌道を**結合性軌道**という．これに対し，a や c に 2 個の電子を収容した状態を考えると，最低エネルギーの 2 個の原子が独立に存在する状態よりもエネルギーが大きくなる．この意味で，これらは結合を弱める方向に働くといえる．このため，これらを**反結合性軌道**という．反結合性軌道は結合を考える原子の間に節をもっている．

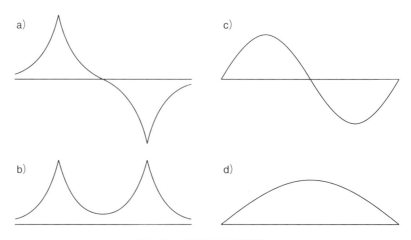

図 7.2　水素分子の波動関数
横軸は空間座標，縦軸は波動関数の値（水平線が 0）．詳しい計算（a と b）と「原子＝箱」モデル [c（$n=2$）と d（$n=1$）]．b と d は結合性軌道，a と c は反結合性軌道．

■結合次数

　一般に，結合を形成していない場合（孤立原子）の軌道のエネルギーは，結合性軌道と反結合性軌道のエネルギーの平均程度なので，同じ波動関数から作られる結合性軌道と反結合性軌道に同じ数の電子があるときは正味のエネルギー利得はほとんど無い．このため，結合性軌道にある電子の数（n_b）と，反結合性軌道にある電子の数（n_{ab}）の差で**結合次数** BO を表すことができる．

$$BO = \frac{n_b - n_{ab}}{2} \tag{7.2.7}$$

単（一重）結合は，結合性軌道に2個の電子があり，反結合性軌道には電子が無い状態である（結合次数1）．二重結合は2種の結合性軌道にそれぞれ2個の電子がある状態である（結合次数2）．

7.3　多原子分子における化学結合

■水分子の波動関数

　前節のように化学結合を考えると，二原子分子の場合を除き，分子内の電子を表す波動関数（**分子軌道**）はいつも分子全体に拡がったものになると考えられる．二原子分子では「原子間の結合」というイメージと矛盾しないが，三原子以上からなる分子ではそうはいかない．例として水分子の波動関数の例を図7.3に示す．メッシュで表現された面は電子の存在確率が等しい面（等値面）であり，濃さは波動関数の符号の違いを表している．

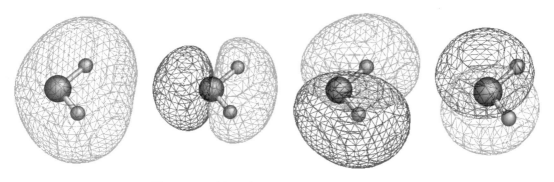

図7.3　分子全体に拡がった水分子の波動関数（抜粋）
　右端が最高被占軌道（HOMO），左ほどエネルギーが低い．ここに示した軌道に加え，より低いエネルギーに，O原子の1s軌道に相当するもの（最もエネルギーが低い）がある．

左端の波動関数の等値面はすべて薄いメッシュで描かれていて節が無いのに対し，右の3種の分子軌道は薄いメッシュで描かれた部分と濃いメッシュで描かれた部分があり，節面が存在している．右側二つの分子軌道では節面は分子の対称面（鏡面）に一致している．いずれにしても，分子軌道は分子全体に拡がっている．

水分子には全部で10個の電子があるから，電子が占有する分子軌道が5個ある．電子が占有する軌道のうち，最もエネルギーの高い軌道を**最高被占軌道**という．対応する英語 (highest occupied molecular orbital) の頭文字をとって**HOMO**と略称することが多い．図7.3の右端のものが水分子のHOMOである．これに対し，電子が占有しない軌道のうち，最もエネルギーの低い軌道を**最低空軌道** (lowest unoccupied molecular orbital) といい**LUMO**と略称する．HOMOやLUMOは分子に対する電子の出入りに直接関係するから，化学反応にとって極めて重要である．HOMOやLUMOの重要性を明らかにした業績により，福井謙一はR.ホフマンと共に，日本人として初めてノーベル化学賞を受賞した (1981年)．

図7.3を見ると，水分子において10個の電子が5個の分子軌道を占めており，これらの全体で2本の「酸素原子と水素原子の結合」が表現されているのかどうかは疑わしいといわざるを得ない．言い換えれば，「酸素原子と水素原子の結合」を考えることには本当に意味があるのだろうか．

実は分子の波動関数は必ずしも分子全体に拡がっているわけではない．図7.3の右端の分子軌道 (HOMO) は，水分子の3原子で決まる面（分子面）を xy 面とすると，（ほとんど）純粋な $2p_z$ 原子軌道であり，実際上，酸素原子の周りだけで値をもつ．

水分子の分子軌道の節面が対称面と一致していることや，HOMOがほとんど純粋な $2p_z$ 原子軌道になることは，分子の形状の**対称性**に由来している．このため，こうした性質は，（基本的に）波動関数をどのような近似の下で求めるかにも依存しない．対称性を取り扱う数学は**群論**であり，分子軌道の性質を定性的に議論する上で群論の知識は欠かすことができない．群論は，具体的には行列を用いて展開するのがわかりやすいので，**線形代数**の学習が必須である．

■エチレンの波動関数

水分子のHOMOと類似した事情がエチレン分子の分子軌道のHOMOにもある（図7.4右）．この場合も分子面を xy 面とすると，波

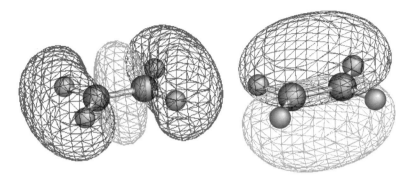

図 7.4 エチレン分子の分子軌道（抜粋）　右は HOMO.

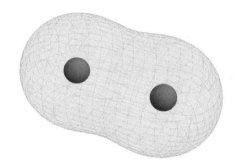

図 7.5 水素分子の結合性分子軌道

動関数は 2 個の炭素原子の $2p_z$ 軌道からなっている．この分子軌道は $2p_z$ 軌道の節面である xy 面を節面としてもつが，原子間には節面がなく，2 個の炭素原子間の結合性軌道である．この分子軌道のように，結合を含む節面を一つもつ分子軌道を **π 軌道**，そこを占める電子を **π 電子** という．結合性 π 軌道を電子が占有することによってできる「化学結合」を **π 結合** という．

これに対し，水素分子の結合性分子軌道（図 7.5）のように結合軸の周りに節面をもたない分子軌道を **σ 軌道**，そこを占める電子を **σ 電子** という．また，結合性 σ 軌道を電子が占有することによってできる結合を **σ 結合** という．

エチレン分子では炭素原子間に局在した分子軌道は存在しない．図 7.4 左の軌道は両端の H の側に中央とは異なる符号をもつ．しかし，炭素原子間における振る舞いに注目すると，図 7.4 の左の分子軌道を σ 軌道と考えることができる．この分子軌道は HOMO からエネルギーが小さくなる方向に数えて，3 番目にあたる．一般に，同じ原子間の対応する σ 軌道と π 軌道のエネルギーを比べると，σ 軌道の方が低いエネル

ギーをもつ.

7.4 「局在した化学結合」の実験的根拠

■局在「結合」と量子力学的記述の「矛盾」

通常,私たちは,「原子 A と原子 B の結合」という表現をする.これは,結合が原子間に局在していると考えた表現である.ところが,前節までに見た通り,3 原子以上からなる分子の電子波動関数(分子軌道)は,対称性の制約のような特別な事情がない限り,分子全体に拡がっている.この意味で,局在した結合概念(さらには前提となる「原子」の分子中での存在)と量子力学的な分子の記述には明らかな矛盾があるように見える.現在では理論的にも,分子の中で原子や(局在した)化学結合を考えることの妥当性について,一定の理解が得られているが,ここでは,むしろ実測できる量に基づいて,結合は局在するという考え方が依然として現実をうまく記述していることを見る.

結論を先取りすれば,実際には,一定の制約の下では局在した「結合」を考えることには十分意味がある.最近では,局在領域を広げた上で,タンパク質などの巨大分子の分子軌道を解析する方法が開発されているほどである.

■共有結合半径

5 章で紹介した通り,原子にはほぼ一定の大きさがある.こうした「実用的な」原子半径の 1 種に共有結合半径があった(表 5.3).共有結合半径はもともと異核二原子分子の結合距離を基に決められていたが,一般の複雑な分子でも有効であることがわかっている.隣接した二原子だけを決めると原子間距離が決まるのであるから,少なくとも構造に注目する限り,局在結合概念は現実をよく反映しているようにみえる.

■燃焼熱

次にエネルギーに注目する.図 7.6 は直鎖アルカンの燃焼熱を炭素数に対しプロットしたものである.極めて良い直線性を示している.燃焼反応は

$$\mathrm{C}_n\mathrm{H}_{2n+2} + \frac{3n+1}{2}\mathrm{O}_2 \longrightarrow n\mathrm{CO}_2 + (n+1)\mathrm{H}_2\mathrm{O}$$

と表されるから,この直線性の最も簡単な解釈は,それぞれの化学結合

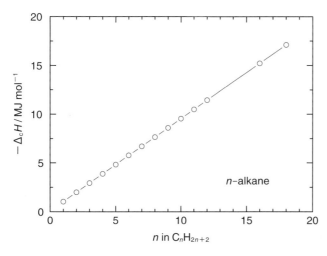

図 7.6 直鎖アルカンの燃焼熱

が(ほぼ)一定の結合エネルギーをもつと考えることである．つまり，化学結合の結合エネルギーには**加成性**があると考えるわけである．実際，より複雑な化合物でも，概ねこのように考えて燃焼熱を計算できることが知られている．この事実は，エネルギーに注目しても局在結合概念は現実をよく反映していることを示している．

ただし，このような結合エネルギーの加成性は，ベンゼンなどの芳香族化合物では成立しないことが知られている．これは分子全体に拡がったπ電子(非局在電子)が存在するためである．

■双極子モーメント

最後に電荷の分布について考える．電荷の分布そのものは分子ごとに様々であるし，それを個別に精査しても傾向が見えるとは限らないので，ここでは

$$\boldsymbol{p} = \int \boldsymbol{r}\rho(\boldsymbol{r})\mathrm{d}V \tag{7.4.1}$$

で定義される**電気双極子モーメント**に注目する．ここで $\rho(\boldsymbol{r})$ は電荷密度である．積分は分子を含む十分大きい領域についてとる．電気双極子モーメントは中性分子の電荷分布の偏りを表す量で[3]，座標の原点の選び方に依存しない(練習問題 B)．

電気双極子モーメントはベクトルであり，負電荷から正電荷の方向の向きをもつ[4]．大きさの単位は SI 単位では C m であるが，分子を対象にするとこれは大きすぎるので**デバイ**(記号：D)もよく用いられる．

[3] より高次 (2^n 次, $n \geq 2$) のモーメントを考えることができ，それらを使えば電荷分布をより詳細に表現できる．たとえば，N_2 などの等核二原子分子では，結合の中央に正電荷が存在しないため，分子の両端は正電荷，分子の中央は負電荷を帯びる．電気双極子モーメントは 0 であるが，次の次数のモーメントである四重極子モーメントは 0 でない．

[4] ただし，なぜか化学では逆向きに矢印を書くことも多い．

96 | 7章 化学結合

$$1\,\mathrm{D} \approx 3.33564 \cdot 10^{-30}\,\mathrm{C\,m} \tag{7.4.2}$$

である.

　分子が中心対称(反転対称)をもつと電荷の分布も対称であるから電気双極子モーメントの大きさは0になる. 逆に対称的(反転対称とは限らなくてよい)でない分子は,一般に有限の電気双極子モーメントをもつ. 有限の電気双極子モーメントをもつ分子を**極性分子**(**有極性分子**ともいう),電気双極子をもたない分子を**無極性分子**という.

　極性分子の双極子モーメントは,官能基に割り振った双極子モーメント(グループモーメント)のベクトル和でよく近似できることが知られている. これは官能基(あるいはその内部の各化学結合)内部の電荷の偏りが分子によらず局所的な構造で決まっていることを意味し,やはり局在結合概念の有効性を示すものである. さらに,たとえば,中心対称な p-ジクロロベンゼンが双極子モーメントをもたないこと,あるいは中心対称でない四塩化炭素が双極子モーメントをもたないことなど,無極性分子に対しても自然な説明を与える.

　以上,構造,エネルギー,電荷の偏りの3点について検討してきたが,芳香族の(非局在化した)π電子の関係する結合を除き,実用上は二原子間に局在した化学結合を考えて差し支えないことがわかった. この事実をどのように解釈するかは化学結合論あるいは量子化学の課題であり,この節の冒頭でも述べた通り,化学的直感との整合性をもつ理論的枠組みの試みもある.

7.5　化学結合の極性と電気陰性度

■化学結合の極性

*5　代表的な学生実験(大学レベル)の教科書にも実験テーマとして載っており,実施例も多い.

　電気双極子モーメント $\boldsymbol{p}$ の大きさ($p = |\boldsymbol{p}|$)は**誘電率**の測定を通じて実測することができる[*5]. 一方,異核二原子分子 AB が完全にイオン結合している場合の双極子モーメントの大きさは,式(7.4.1)に完全にイオン化した電荷分布(各原子上に $\pm e$ の電荷)を代入して

$$p_{\mathrm{ionized}} = e \cdot r_{\mathrm{A\text{-}B}} \tag{7.5.1}$$

と計算できる. 電気素量 e は普遍定数で,結合距離 $r_{\mathrm{A\text{-}B}}$ は実測できる量であるから,式(7.5.1)も計算可能である. こうして二原子分子 AB の化学結合の部分イオン性を

$$\text{部分イオン性} = \frac{p}{e \cdot r_{\mathrm{A\text{-}B}}} \tag{7.5.2}$$

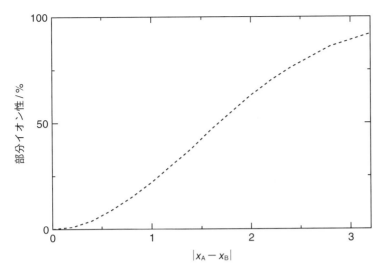

図7.7 電気陰性度の差と結合の部分イオン性

によって実験値から計算することができる．たとえば，HCl の結合の部分イオン性は約 20% となる．ポーリングは**電気陰性度**と結合の部分イオン性の間には良い相関があることを見出した．6章で述べた通り電気陰性度にはマリケンによる値もあるが，両者はほぼ定数倍の関係にある．ポーリングの電気陰性度を用いると，原子 A と B の電気陰性度（x_A および x_B）の差と結合の部分イオン性の間に図7.7のような関係があることが知られている．

練 習 問 題
A. 結合エネルギーがどのような仮定の下に決定されるか説明せよ．
B. 中性分子の電気双極子モーメントが空間座標の原点によらないことを，イオン対 A^+B^- を例にして確認せよ．
C. 反転対称でないメタンが極性をもたないことを説明せよ．
D. C，H，N，O 原子が結合してできる結合の結合エネルギーを調べ，原子核反応のエネルギーと比較してみよ．

参 考 書
D.A. マッカーリ, J.D. サイモン,『物理化学（上）―分子論的アプローチ―』（千原・齋藤・江口 訳），東京化学同人，1999 年.
L. ポーリング,『一般化学（原書第3版）上・下』（関・千原・桐山 訳），岩波書店，1974 年.

Column・コラム・6

地球環境と水

　地球を形づくっている元素は宇宙開闢以来の歴史の中で合成され，また，その化学的性質に応じた変遷を経て，現在の存在形態に至っている（3章）．さらに，その化学的・物理的な性質によって環境を形づくり，維持している．

　水は生命にとって直接的に不可欠であり，からからの乾燥地帯には生命は多くない．さらに，水の重要性は，環境を形づくり，維持する上でも計り知れない．ここでは，水のもつ特異な性質が大きな役割を果たしている．水のもつ特異的な性質として，4℃における密度極大，固化による密度減少，大きな熱容量などを挙げることができる．地球は，熱エネルギーを太陽から受け取って，（およそ）同じだけの熱を宇宙空間に捨てている開放系である[†1]．もし，一般の液体のように水の密度が高温ほど小さかったら，冷たい宇宙空間に向いた表面で冷却された液体は沈降し，海の全体が冷えていく．凍結するだけ低温になると，密度の大きい固体は底へと沈み込む．やがては全体が凍結することになるはずである．また，水の熱容量は単位質量あたりでみると非常に大きい．これは気温の変化を大変穏やかにしている．

　水の物性の特異性は水素結合に由来するとされているが，依然として詳細は未解明である．最も身近な物質の一つである水を理解することは，「水の惑星」ともいわれる地球を理解する鍵を握っている．

[†1] 　地熱の大半は放射性原子の崩壊熱であるが，これは太陽から受け取るエネルギーの数千分の1である．

8章 集合体としての気体

●この章のねらい●

・温度の意味を説明できる

前章までで，原子が結合を作って分子ができるところまでを見た．しかし，化学が対象とする物質は，通常，莫大な数の分子からなる集合体として存在している．巨視的な物質に対しては，個々の原子・分子の構造や性質に注目するのとは異なる見方が必要となる．この章では最も扱いの簡単な気体を取り上げ，集合体の性質が分子集団の平均値として表されることを確認し，その平均値を与える分布がどのようなものか概観する．さらに，気体中の分子がどれほどの速さで飛び回っているかを計算してみる．化学反応の速度に対する温度の影響も調べる．

8.1 理想気体の状態方程式

■気体の圧力

多数の粒子が一辺 L の立方体中に閉じこめられているとして，粒子が衝突することによって容器の壁が受ける圧力を計算する．一般に気体の体積は液体や固体の数百倍なので，粒子の大きさは分子間距離に比べて非常に小さい．そこで，ここでは粒子の大きさを0と考え，粒子は質量のみをもつ**質点**と考える．粒子同士，および壁と粒子の衝突は**完全弾性衝突**であるとし，壁は決して動かないものとする．この完全弾性衝突という仮定は人為的にも見えるが，圧力が衝突の様子の詳細によらないことは次のような事実から納得できる．すなわち，もし圧力が衝突の様子の詳細によるなら，表裏が区別できる紙片（たとえば写真）は表裏の

圧力差によって移動するはずであるが，経験によればそのようなことは起こらない．つまり，圧力は（壁の表面の様子に支配されるような）衝突の詳細にはよらないはずである．したがって，壁との完全弾性衝突を仮定した以下の計算は，一般的に正しい結果を与えると期待される．

粒子の質量を m，総数を N とする．i 番目の粒子の速度を $\boldsymbol{v}_i\,[=(v_{xi}, v_{yi}, v_{zi})]$ とする（図 8.1）．x 軸に垂直な壁 YZ にこの粒子が衝突すると，完全弾性衝突をするので $2mv_{xi}$ だけ運動量の x 成分が変化する．衝突は時間 $(2L/v_{xi})$ に一度起こるので，時間 Δt あたり

$$2mv_{xi} \times \frac{\Delta t}{\left(\dfrac{2L}{v_{xi}}\right)} \tag{8.1.1}$$

の運動量 (x 成分) の変化が生じる．別の面との衝突を考えると，運動量の他の成分の変化が同様に計算できる．どの粒子についても同じように考えることができるので，各々の粒子についての運動量変化量を足し合わせれば，壁と気体の衝突による合計の運動量変化量が求められる．たとえば，x 成分は

$$\sum_i \frac{mv_{xi}^2}{L}\Delta t = \frac{m\Delta t}{L}\sum_i v_{xi}^2 \tag{8.1.2}$$

である．運動量の変化量はその時間 (Δt) 内の力積 ($\boldsymbol{F}\Delta t$) に等しいので，壁 YZ の受けている力 (F_x) は，（時間についての）**平均**として

$$F_x = \frac{m}{L}\sum_i v_{xi}^2 \tag{8.1.3}$$

となる．壁 YZ が受けている圧力 p は単位面積あたりに受ける力なの

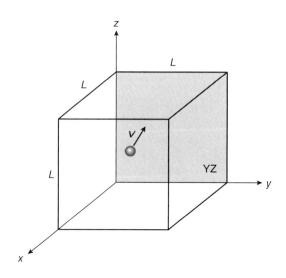

図 8.1 箱の中の粒子の運動

で，結局

$$p = \frac{m}{L}\left(\textstyle\sum_i v_{xi}{}^2\right) \times \frac{1}{L^2} = \frac{m}{V}\textstyle\sum_i v_{xi}{}^2 \tag{8.1.4}$$

となる．最後の等式では $L^3 = V$ を用いた．

$v_x{}^2$ の（全粒子についての）平均値を $\langle v_x{}^2\rangle$ と書くことにすると

$$\langle v_x{}^2\rangle = \frac{1}{N}\textstyle\sum_i v_{xi}{}^2 \tag{8.1.5}$$

なので，式 (8.1.4) は

$$p = \frac{N}{V}m\langle v_x{}^2\rangle \tag{8.1.6}$$

と書き直すことができる．また

$$|\boldsymbol{v}|^2 = \boldsymbol{v}\cdot\boldsymbol{v} = v_x{}^2 + v_y{}^2 + v_z{}^2 \tag{8.1.7}$$

であるから

$$\langle v^2\rangle = \langle|\boldsymbol{v}|^2\rangle = \langle v_x{}^2\rangle + \langle v_y{}^2\rangle + \langle v_z{}^2\rangle \tag{8.1.8}$$

が成立するが，空間には特別な方向がないため

$$\langle v_x{}^2\rangle = \langle v_y{}^2\rangle = \langle v_z{}^2\rangle \tag{8.1.9}$$

が成立するはずである．したがって，式 (8.1.6) は

$$p = \frac{mN}{3V}\langle v^2\rangle \tag{8.1.10}$$

と書き直すことができる．気体が壁に及ぼす圧力は，それぞれの粒子の及ぼす効果の平均値として与えられる．

1 個の粒子の**運動エネルギー**は $mv^2/2$ なので，式 (8.1.10) は運動エネルギーの平均 $\langle e\rangle$ を使って書き直すことができる．

$$p = \frac{2N}{3V}\frac{m}{2}\langle v^2\rangle = \frac{2N}{3V}\left\langle\frac{mv^2}{2}\right\rangle = \frac{2N}{3V}\langle e\rangle \tag{8.1.11}$$

これを**ベルヌーイの式**という．圧力が運動エネルギーの平均値と粒子の数密度（単位体積あたりの粒子の数，N/V）で決まっていることを示している．

■温度と平均運動エネルギー

一般に，物質の圧力 (p) と体積 (V) と（熱力学）温度 (T) には一定の関係がある．この関係式を**状態方程式**という．常温常圧のような極端でない条件では，多くの気体は次の状態方程式

$$pV = nRT \tag{8.1.12}$$

を良い精度で満たすことが知られている（**ボイル-シャルルの法則**）．ここで n は物質量である．式 (8.1.12) を**理想気体の状態方程式**という．R は**気体定数**という普遍定数である．状態方程式 (8.1.12) を完全に満

たす仮想的な気体を**理想気体**（あるいは**完全気体**）という．**統計力学**の方法によって，先に計算した質点からなる気体は理想気体として振る舞うことがわかっている．

式 (8.1.12) は，物質量を用いて表されているが，粒子数を用いて書き直すと

$$pV = \frac{N}{N_{\mathrm{A}}}RT = N\frac{R}{N_{\mathrm{A}}}T = Nk_{\mathrm{B}}T \qquad (8.1.13)$$

となる．いうまでもなく N_{A} は**アボガドロ定数**である．粒子 1 個あたりの気体定数に相当する普遍定数 k_{B} を**ボルツマン定数**という．

式 (8.1.10) あるいは (8.1.11) と式 (8.1.13) を比べると

$$\left\langle \frac{mv^2}{2} \right\rangle = \langle e \rangle = \frac{3}{2}k_{\mathrm{B}}T \qquad (8.1.14)$$

が得られる．これは**温度**が（乱雑な運動の）運動エネルギーの平均値を表す物理量であることを示している．運動エネルギーに最小値があることは明らかだから，$T = 0\,\mathrm{K}$（**絶対零度**）の意味も明らかであろう．量子力学でいう零点エネルギー以外のエネルギーをもたない状態が絶対零度（0 K）に対応している．

式 (8.1.14) から，分子の速さの一つ目の目安として，速さの二乗の平均の平方根が

$$v_{\mathrm{rms}} = \sqrt{\langle v^2 \rangle} = \sqrt{\frac{3k_{\mathrm{B}}T}{m}} = \sqrt{\frac{3RT}{M}} \qquad (8.1.15)$$

となることがわかる（M はモル質量）．これを**根二乗平均速さ**あるいは**根二乗平均速度**という．室温（$T = 300$ K）の窒素分子（$M = 28\,\mathrm{g\,mol^{-1}}$）を考えて計算すると，$5.2 \cdot 10^2\,\mathrm{m\,s^{-1}}$ という非常に大きな値になる．

■**乱雑さとエントロピー**

前項で「乱雑な運動の」と限定したのは，乱雑でない運動の運動エネルギーは温度に寄与しないからである．上述の計算過程でいえば，式 (8.1.9) を仮定する際に特別な方向がないことを使っている．具体的には，新幹線内の分子を考えると，停車しているときと走っているときでは，地面に対する分子の速さが 1 割ほど異なっている．だからといって，走り出したとたんに車内の気温が 1%（約 3 K！）も上昇することなどない．「乱雑な運動」であることに温度の本質があることがわかる．

「乱雑さ」は，「無秩序さ」あるいは**無秩序度**と言い換えることもできる．無秩序度を定量的に表す物理量は**エントロピー**である．エントロピーは，歴史的には，**熱力学**（9 章）において「力学的に実現できる過程とできない過程を定量的に区別する」量として導入された．自然に進む

過程（**自発的過程**）の進む向きや，**平衡状態**の性質と深く関わっており，**熱力学第二法則**として知られている．第二法則は**エントロピー増大**の法則と表現することもできる．エントロピーは，原子・分子の運動・状態から巨視的な量を計算する処方を与える**統計力学**によって，「ミクロな無秩序度」を表すことが明らかになった．

■エネルギー等分配の法則

質点の運動方向は互いに直交する3方向であった．このような，可能な「独立な運動」の数を**自由度**という．すなわち，質点の自由度は3である．一方，**剛体**（変形しない3次元物体）は**並進**（重心の移動）以外に（重心まわりの）**回転**が可能であり，回転軸も独立に3本とれるから，回転自由度が3個あることになり，全自由度は6になる．一般の分子では，各原子が並進自由度3をもつから，分子内の原子数を n としたとき全運動自由度は $3n$ である．ここで運動自由度と限定したのは，電子励起なども場合によっては自由度として数えることがあるためである．非直線型分子の $3n$ 自由度のうち，3自由度は（分子の）並進自由度，3自由度は（分子の）回転自由度であり，それ以外の $(3n-6)$ 自由度は分子内振動による分子内自由度である[*1]．

式 (8.1.7) を考慮すると，式 (8.1.14) は1自由度について質点の運動エネルギーの平均値が $k_B T/2$ に等しいことを示している．これは（古典）統計力学的には一般的に成立する事実であり，**エネルギー等分配則**（あるいは**エネルギー等分配の法則**）という．固体の熱容量についての初期の経験法則であるデュロン-プティの法則（4章）は，このエネルギー等分配則の現れである．

[*1] 直線型分子では回転自由度の数は2，それ以外の自由度の数は $(3n-5)$ となる．コラム8に CO_2 の例がある．

8.2 ボルツマン分布

■状態分布とその普遍性

前節において，多数の粒子からなる巨視的物質の性質を，平均値に注目することにより特徴づけることができることをみた．そこでは，全粒子について速度の二乗を足し合わせ，全粒子数で割って平均値を求めた．このため，どういう速度の粒子がどういう割合で存在するかについては関係なく計算を行うことができた．ここからは，この「どのように分布しているか」について考える．

ある量 A の集団にわたる平均値 $\langle A \rangle$ は

$$\langle A \rangle = \frac{1}{N} \sum_i A_i \qquad (8.2.1)$$

によって求めることができる．ここで N は標本の数，A_i は i 番目の標本の A の値である．A_i が離散的で $a_j (j = 1, 2, \cdots, J)$ に限られるなら，$a_j = A_i$ となる A_i の個数を n_j として

$$\langle A \rangle = \frac{1}{N} \sum_{j=1}^{J} n_j a_j \qquad (8.2.2)$$

によっても平均値を求めることができる．A_i が離散的でない場合にも，A_i の変域を幅 δ の小区間に区切って $a_j \pm (\delta/2)$ の区間に入る A_i の個数を n_j とすれば，式 (8.2.2) によって $\langle A \rangle$ を近似的に求めることができる．区間の幅 δ が小さいほど不一致は小さくなる．標本の数が十分多いとき，小区間の幅 δ を小さくする極限で，n_j/N は A の値を変数とする連続関数 $g(A)$ に収束する（図 8.2）．この関数は A という量の分布を表す関数であるから，A を独立変数とする**分布関数**と呼んでよいだろう．このとき，定義により

$$\int g(A) \mathrm{d}A = 1 \qquad (8.2.3)$$

である（積分は A の変域全体にわたってとる）．これを規格化[*2]という．

ここまでは，A の平均値を計算することを考えて分布関数を導入したが，A を指定すると別の量 B が決まるような状況があることに注意しよう．たとえば $B = A^2$ ならこの関係は明らかである．したがって，分

[*2] 5 章でも波動関数の規格化が登場した．どちらも存在確率に関係していることに注意しよう．ここで導入した分布関数は標本の存在確率，波動関数の大きさの二乗は電子の存在確率である．

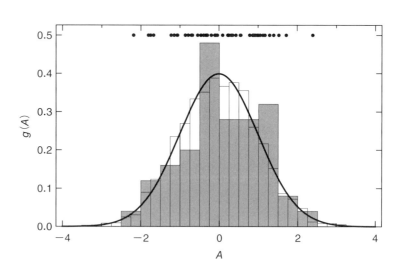

図 8.2 標本の数とヒストグラムの例
標本の数が 50 個（点の横座標で表現）から 5000 個になると，分布は灰色（幅 0.5）から白（幅 0.25）のヒストグラムへ変化する．標本数が十分多ければ滑らかな分布関数（実線）が得られる．

布関数の独立変数は，平均を計算したい量とは別でよいことがわかる．

式 (8.2.1) は，A を決める変数 x を独立変数とする**分布関数** $f(x)$ を使って

$$\langle A \rangle = \int \mathrm{d}x \left[f(x) A(x) \right] \qquad (8.2.4)$$

と書くこともできる．$f(x)$ は規格化されているものとする．これから考えるのはアボガドロ数 ($\approx 6.0 \times 10^{23}$) ほど多数の粒子なので，式 (8.2.1) より式 (8.2.4) の方が扱いやすい．

エネルギーの平均値 $\langle e \rangle$ は

$$\langle e \rangle = \int \mathrm{d}x \left[f(x) e(x) \right] \qquad (8.2.5)$$

と書けるはずである．先に述べた通り，エネルギーのような明確に力学的意味をもった量だけを扱う限り，$f(x)$ はどんな関数でもよいと考えられる．つまり，物質によって決まってさえいれば，物質ごとに異なっていてさえ構わないとも考えられる．ところが，熱と温度に関する現象論である熱力学 (9 章) は物質によらず成立する．熱力学に最も特徴的な量であるエントロピーは，エネルギーの温度微分 (熱容量) と (物質によらない) 普遍的な関係をもつ．そのためには，分布関数である $f(x)$ の独立変数や関数形には強い制約があるはずである．つまり，この $f(x)$ に普遍的な物理法則が現れていると考えるべきであることがわかる．

■エネルギーを変数とする分布関数

熱力学を再現するような (普遍的な) 分布関数を求め，それに基づき種々の巨視的物理量を計算する処方箋を与える学問体系を**統計力学**という．統計力学の原理はボルツマンらにより 19 世紀初めに確立された．結論からいうと，巨視的物質の性質は，粒子数が莫大であるがゆえに統計法則に支配され，平均的な状態の出現確率が圧倒的に大きい．**統計学** (数学) において**大数の法則**として知られている事実と関係している．

理想気体を念頭に，理想気体における分布関数を求める．上述の通り，「平均的な状態」の出現確率が圧倒的に大きいので，この「平均的な状態」における分布関数を求める．この最も確からしい分布を**最尤分布**という．

気体の全運動エネルギーが一定の条件で考察を行う．これは，孤立した理想気体を考察の対象としていることに相当する．はじめに適切な独立変数が何であるかを考える．気体の状態を微視的に指定するには，全粒子についてある時刻における位置と速度 (あるいは運動量) を指定すればよい．しかし，これは粒子数が莫大な場合には事実上不可能である

し，状態方程式が成立するという経験に照らせば，情報過多といえる．また，どこに気体（の容器）をおいたか，どちら向きに気体をおいたかに関係なく状態方程式は成立するから，位置や速度は気体中の分子の分布を特徴づけるのに適切な変数ではない．したがって，個々の分子の運動エネルギーそのものが分布関数の独立変数である．

全エネルギーが一定の条件で，各粒子がどれだけのエネルギーをもつ分布の「場合の数」が最も大きいかを考える．量子力学により，原子・分子の世界ではエネルギーが離散的であるから，エネルギーの異なる各状態を j で区別することにする．粒子の総数を N，状態 j にある粒子数を N_j とすると，各状態への粒子数の分配 $\{N_1, N_2, \cdots, N_j, \cdots\}$ で指定される状態の数（場合の数）は

$$W = \frac{N!}{\prod_j N_j!} \tag{8.2.6}$$

である．ここで，$N!$ は階乗である．また，$\prod_j A_j$ は A_j を掛け合わせることを意味する．たとえば

$$\prod_{j=1}^{5} A_j = A_1 \times A_2 \times A_3 \times A_4 \times A_5 \tag{8.2.7}$$

である．

W の最大値を $W_{\max}$ とし，$W_{\max}$ を与える N_j の組を $\{N_{\max,1}, N_{\max,2}, \cdots, N_{\max,j}, \cdots\}$ と表すことにすると，

$$W_{\max} = \frac{N!}{\prod_j N_{\max,j}!} \tag{8.2.8}$$

である．

準位 l から Δ だけエネルギーが異なる二つの準位 k $(e_k = e_l - \Delta)$ と m $(e_m = e_l + \Delta)$ を考える．はじめに，$\{N_{\max,1}, N_{\max,2}, \cdots, N_{\max,j}, \cdots\}$ の状態からはじめ，準位 l から粒子を 2 個とり，1 個を準位 k に，もう 1 個を準位 m に移す．このとき全エネルギーは

$$-2e_l + e_k + e_m = -2e_l + (e_l - \Delta) + (e_l + \Delta) = 0 \tag{8.2.9}$$

だから変化しない．このときの場合の数 W_1 は $W_{\max}$ より必ず小さい．すなわち

$$\frac{W_1}{W_{\max}} = \frac{\prod_j N_{\max,j}!}{\prod_j N_{1,j}!} = \frac{N_{\max,l} \cdot (N_{\max,l} - 1)}{(N_{\max,k} + 1) \cdot (N_{\max,m} + 1)} \leq 1 \tag{8.2.10}$$

である[*3]．次に，ふたたび $\{N_{\max,1}, N_{\max,2}, \cdots, N_{\max,j}, \cdots\}$ の状態からはじめ，準位 k と準位 m の粒子各 1 個を準位 l に移す．このときも全エネルギーは変化しない．このときの場合の数 W_2 も $W_{\max}$ より必ず小さい．したがって，

*3 粒子数が変化しない準位については約分されるので，準位 k, l, m だけを書きだして計算すればよい．

$$\frac{W_{\max}}{W_2} = \frac{\prod_j N_{2,j}!}{\prod_j N_{\max,j}!} = \frac{(N_{\max,l}+1)\cdot(N_{\max,l}+2)}{N_{\max,k}\cdot N_{\max,m}} \geq 1 \qquad (8.2.11)$$

である．粒子の総数 N は非常に大きいから，$N_{\max,j}$ はどれも 1 よりずっと大きいと期待される．したがって，式 (8.2.10) および (8.2.11) において 1 や 2 は無視することができるから，

$$1 \leq \frac{(N_{\max,l})^2}{N_{\max,k}\cdot N_{\max,m}} \leq 1 \qquad (8.2.12)$$

となる．不等号の両端がいずれも 1 であるから，結局，

$$\frac{(N_{\max,l})^2}{N_{\max,k}\cdot N_{\max,m}} = 1 \qquad (8.2.13)$$

であることがわかる．これは

$$\frac{N_{\max,l}}{N_{\max,k}} = \frac{N_{\max,m}}{N_{\max,l}} \qquad (8.2.14)$$

と変形できる．$e_l - e_k = e_m - e_l = \Delta$ であるから，式 (8.2.14) はエネルギーの差が同じであれば，粒子数の比が等しいことを示している．このような性質をもつ関数は指数関数である．したがって，理想気体では，エネルギー e をもつ粒子の数を表す（エネルギーを独立変数とする）分布関数は，β を定数として $\exp(-\beta e)$ に比例することになる．ここで β の前の負号は，エネルギーが大きい粒子ほど数が少ないと予想されることを先取りしている．

■定数 β と温度

理想気体における分布関数の関数形が決まったので，未定の定数である β を求める．このためには式 (8.1.14) を利用する．速度ベクトルが (v_x, v_y, v_z) と $(v_x + \mathrm{d}v_x, v_y + \mathrm{d}v_y, v_z + \mathrm{d}v_z)$ の間にある粒子の割合 $\mathrm{d}f$ は，$e = mv^2/2$ であることを考慮すると

$$\mathrm{d}f = A \exp(-\beta e)\mathrm{d}v_x\mathrm{d}v_y\mathrm{d}v_z = A \exp\!\left(-\frac{\beta m v^2}{2}\right)\mathrm{d}v_x\mathrm{d}v_y\mathrm{d}v_z$$
$$(8.2.15)$$

と書ける．A は規格化定数である．係数の β と A は

$$1 = \int_{-\infty}^{\infty}\mathrm{d}v_x\int_{-\infty}^{\infty}\mathrm{d}v_y\int_{-\infty}^{\infty}\mathrm{d}v_z\, A \exp\!\left(-\frac{\beta m v^2}{2}\right) \qquad (8.2.16)$$

および，式 (8.2.5) に相当する

$$\langle e \rangle = \frac{3}{2}k_{\mathrm{B}}T = \int_{-\infty}^{\infty}\mathrm{d}v_x\int_{-\infty}^{\infty}\mathrm{d}v_y\int_{-\infty}^{\infty}\mathrm{d}v_z\left[\frac{mv^2}{2}A \exp\!\left(-\frac{\beta m v^2}{2}\right)\right]$$
$$(8.2.17)$$

から決まる．式 (8.2.16) は，3 成分の積分が同じであるから[*4]，ガウス積分（付録 D）を使って

[*4] $v^2 = v_x{}^2 + v_y{}^2 + v_z{}^2$ のため．

$$\frac{1}{A} = \left[\int_{-\infty}^{\infty} \exp\left(-\frac{\beta m v^2}{2}\right) dv\right]^3 = \left(\sqrt{\frac{2\pi}{\beta m}}\right)^3 = \frac{2\pi}{\beta m}\sqrt{\frac{2\pi}{\beta m}} \quad (8.2.18)$$

である. 一方, 式 (8.2.17) は極座標に書き直し

$$\langle e \rangle = \frac{3}{2} k_B T = \int_0^{\infty} 4\pi v^2 \left[\frac{m v^2}{2} A \exp\left(-\frac{\beta m v^2}{2}\right)\right] dv = \frac{3\pi A}{\beta^2 m}\sqrt{\frac{2\pi}{\beta m}}$$
$$(8.2.19)$$

となる（付録 D）. 式 (8.2.18) と (8.2.19) から

$$\beta = \frac{1}{k_B T} \quad (8.2.20)$$

$$A = \left(\frac{m}{2\pi k_B T}\right)^{3/2} \quad (8.2.21)$$

であることがわかる.

式 (8.2.20) のように β が決定されたので，エネルギーが異なる状態への粒子の分布関数は，状態のエネルギーを e とすると

$$\exp\left(-\frac{e}{k_B T}\right) \quad (8.2.22)$$

に比例することがわかる. このような分布を**ボルツマン分布**という. ボルツマン分布は，エネルギーの異なる状態に（相互作用のない粒子が）どのように分布するかを表していて，ここで考えた理想気体にとどまらない適用範囲をもつ.

ボルツマン分布を表す式 (8.2.22) は，温度が微視的な状態への分布を特徴づけるパラメータであることを表している.

8.3　気体中の分子の速さ

■マクスウェル-ボルツマンの速度分布

必要な係数が決まったので，理想気体中の粒子の速度分布を書き下すことができる. 1 個の粒子の速度ベクトルが (v_x, v_y, v_z) と $(v_x + dv_x, v_y + dv_y, v_z + dv_z)$ の間にある割合（確率）は

$$f(\boldsymbol{v}) dv_x dv_y dv_z = \left(\frac{m}{2\pi k_B T}\right)^{3/2} \exp\left(-\frac{m v^2}{2 k_B T}\right) dv_x dv_y dv_z \quad (8.3.1)$$

である. これを**マクスウェル-ボルツマンの速度分布式**という. 右辺では簡単のため $|\boldsymbol{v}|$ を v と書いた. 速さ（速度ベクトルの大きさ）に注目するには，極座標に書き換え，角度について積分してしまうと

$$g(v) dv = 4\pi v^2 \left(\frac{m}{2\pi k_B T}\right)^{3/2} \exp\left(-\frac{m v^2}{2 k_B T}\right) dv \quad (8.3.2)$$

となる.

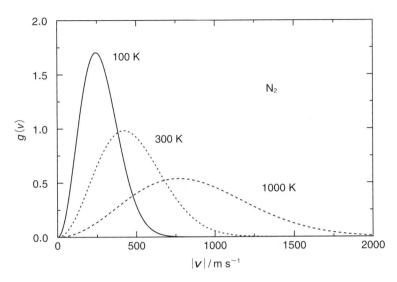

図 8.3 窒素気体中における分子の速さの分布

　窒素を例として式 (8.3.2) を図 8.3 に示す．温度が高くなるにつれて速さの大きな分子の割合が増えることがわかる．このように，温度が上昇してエネルギーの高い状態にある分子の数が増加することを**熱励起**という．

■気体中の分子の速さ

　気体中の分子の速さを定量的に見るために，式 (8.3.2) を使っていくつかの代表値を計算してみる．分布関数の極大は

$$v_{\mathrm{mp}} = \sqrt{\frac{2k_{\mathrm{B}}T}{m}} \tag{8.3.3}$$

である．速さの二乗の平均の平方根（**根二乗平均速さ**あるいは**根二乗平均速度**）は，式 (8.2.19) から

$$v_{\mathrm{rms}} = \sqrt{\langle v^2 \rangle} = \sqrt{\frac{3k_{\mathrm{B}}T}{m}} \tag{8.3.4}$$

となる．これは（当然のことながら）式 (8.1.15) と一致している．速さの平均は

$$\begin{aligned}
v_{\mathrm{av}} &= \langle v \rangle \\
&= \int_0^\infty v g(v)\,\mathrm{d}v \\
&= \int_0^\infty 4\pi v^3 \left(\frac{m}{2\pi k_{\mathrm{B}}T}\right)^{3/2} \exp\left(-\frac{mv^2}{2k_{\mathrm{B}}T}\right)\mathrm{d}v \\
&= \sqrt{\frac{8k_{\mathrm{B}}T}{\pi m}}
\end{aligned} \tag{8.3.5}$$

と計算できる．これらには

$$v_{\mathrm{mp}} < v_{\mathrm{av}} < v_{\mathrm{rms}} \tag{8.3.6}$$

の関係がある．いずれも気体中の分子速度の目安として使うことができ，温度が高いほど，また，分子質量が小さいほど大きくなる．室温の窒素ではおよそ 400 m s^{-1} にもなる（図 8.3）．非常に高速であることに注意したい．

■**分子の衝突と平均自由行程**

上で求めた分子の速さは非常に大きく，ガス漏れの際の臭いの伝搬の速さとはかけ離れている．これは分子に有限の大きさを考えれば説明できる．簡単のため分子を剛体球（半径 r）と考える（図 8.4）．分子の速さを $v\,(=|\boldsymbol{v}|)$ とし，別の分子に衝突するまでの平均的時間（**平均自由時間**）を Δt とする．時間 Δt の間に注目している分子は $v\Delta t$ だけ移動する．この間に移動する距離を**平均自由行程**という．体積あたりの分子の数密度は N/V だから，平均自由時間 Δt が満たすべき関係は

$$\frac{N}{V} \times \pi(2r)^2 \times v\Delta t \approx 1 \tag{8.3.7}$$

となる．この式で等号が成立する時間 Δt で平均自由時間を定義すると

$$\Delta t = \frac{1}{4\pi r^2 v} \cdot \frac{V}{N} \tag{8.3.8}$$

平均自由行程 l は

$$l = v\Delta t = \frac{1}{4\pi r^2} \cdot \frac{V}{N} \tag{8.3.9}$$

となる．理想気体の状態方程式を使うと式 (8.3.9) は

$$l = \frac{k_{\mathrm{B}}T}{4\pi r^2 p} \tag{8.3.10}$$

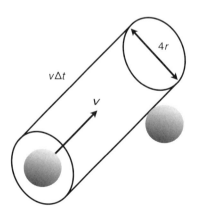

図 8.4　気体中の分子の衝突

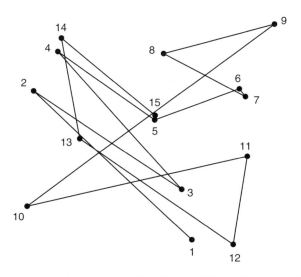

図 8.5 分子があちこちで他の分子と衝突する様子　番号は衝突の順番.

と変形できる.

　窒素は球形分子ではないが，結合距離 (0.11 nm) とファン・デル・ワールス半径 (0.155 nm) を参考に半径を 0.16 nm と考えれば，大気圧では平均自由行程は 0.13 μm になる．また，分子の速さとして 500 m s^{-1} を用いると平均自由時間は 0.26 ns と計算される．

　気体中の分子は平均として非常に大きな速さをもっているが，自由に直進する時間は非常に短く，多数の衝突を繰り返している．衝突によって分子は進行方向を変え，行きつ，戻りつすることになる (図 8.5)．このため，何回かの衝突の後には，もともとどちらの方向に進んでいたかという「記憶」を失ってしまう．したがって，分子の数密度 (濃度) がどのように時間変化するかは，確率に支配される**拡散**過程となる．

　1 個の分子に注目した場合の，「衝突による行きつ，戻りつ」は**ランダムウォーク**（**酔歩**ともいう）として知られる運動であり，ステップ数 n と出発点からの距離 L の間には，比例関係 ($L \propto n$) ではなく

$$L \propto \sqrt{n} \tag{8.3.11}$$

という関係があることを示すことができる．衝突の回数をステップ数と考えれば，拡散による広がりがステップ数の平方根に比例することになる．これは拡散過程における濃度の伝播と一致している．

112 | 8章　集合体としての気体

8.4　温度と化学反応

■化学反応

　分子の衝突は，分子の種類と状況によっては化学反応を引き起こす場合がある．分子がどんな反応を起こしてどんな分子になるかは，各論に属するが，化学の主要な研究領域である．どういう向き（配向）で分子が衝突すると，どれだけの割合で反応するかといった詳細も，実験だけではなく理論的にも精力的に研究が行われている．ここでは，そういったことには立ち入らず，温度が反応にどんな影響を与えるかを概観しよう．

　化学反応

$$a\mathrm{A} + b\mathrm{B} + c\mathrm{C} + \cdots \longrightarrow z\mathrm{Z} + y\mathrm{Y} + x\mathrm{X} + \cdots \quad (8.4.1)$$

について，矢印の左側を**反応系**，右側を**生成系**という．また，それぞれの物質を反応物と生成物という．反応に関わる物質の量的関係を表すa, b, c, x, y, z等の係数を**化学量論数**あるいは**化学量論係数**という．

■反応速度とアレニウス・プロット

　簡単のため，反応系と生成系がそれぞれ1種類の物質で化学量論数が1である反応

$$\mathrm{C} \longrightarrow \mathrm{Z} \quad (8.4.2)$$

を考える．以下のように微視的に反応機構を検討することのできる基本的な反応を**素反応**という．ここで考える素反応は1個のC分子が自発的にZに変化する単分子反応である．このとき，反応を記述する変数があると考えられる．たとえば，結合の長さや結合周りの回転角のようなものを想定すればよい．このような変数を**反応座標**[5]という．反応座標を使うと，反応に関わる分子のエネルギー関係は，最も単純には図8.6のように表すことができる．エネルギーの山（障壁）の左側が反応系，右側が生成系である．反応は，左側にあった分子が反応座標に沿って状態を変化させ，右側に移ることに相当する．

　はじめに反応系だけに注目する．このとき，ボルツマン分布によってそれぞれのエネルギーの状態の分子が存在する．エネルギーが最低[6]の状態の分子と山の頂上の分子の数の比は，$\exp(-\Delta e/k_\mathrm{B}T)$ で与えられるはずである[7]．山の頂上に達するには，他の分子との多数の衝突が必要であり，このときエネルギーの山を登ってきたという「記憶」は失われている．このため，頂上に達したC分子が反応系に戻るのか，障壁

[5]　反応座標を考えることは反応機構を決めることと同義であり，一般には複数の反応座標が考えられる．また，議論のために適切な反応座標を選ぶことは（最も重要な）反応機構を特定することである．

[6]　ここでは量子力学的効果による零点エネルギーは無視して議論する．

[7]　実際には分子の種類に依存した（温度にほとんど依存しない）係数がかかる．以下の議論にこれは影響しない．また，式 (8.4.3) 以下の式の中の2や ln 2 に重要な意味は無い．

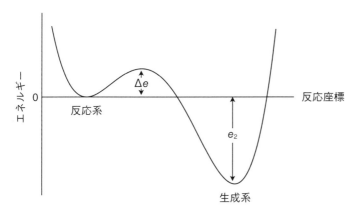

図 8.6 素反応におけるエネルギーの変化

を越えて Z になるのかは障壁の形にはほとんどよらない．ここでは 1/2 の確率としておく．したがって，反応の速さ（**反応速度**）r は，C の全分子数を N_C として，大略

$$r(T) = \frac{N_C}{2}\exp\left(-\frac{\Delta e}{k_B T}\right) \quad (8.4.3)$$

となる．温度に依存することを明示するために $r(T)$ とした．このように，単分子反応の反応速度は分子数に比例する一次反応である．式 (8.4.3) は分子数に依存する形で表記されているが，化学反応の様子は（分子数が極端に小さくない限り）全分子数にはよらないはずなので，むしろ

$$r(T) = k_C(T) N_C \quad (8.4.4)$$

と書いて，分子数に依存しない量 k_C について議論する方が適切である．k_C を**反応速度定数**という．式 (8.4.4) は温度が高いほど反応速度定数が大きくなる，すなわち，反応速度が大きくなることを示している．

式 (8.4.4) の対数をとると

$$\ln k_C(T) = -\frac{\Delta e}{k_B T} - \ln 2 = -\frac{\Delta E}{RT} - \ln 2 \quad (8.4.5)$$

となる．すなわち，反応速度定数の対数を温度の逆数 ($1/T$) に対してグラフにすると直線が得られ，その傾きが $-\Delta E/R$ となる．このような，「速さ」に関わる量の対数と温度の逆数のプロットを**アレニウス・プロット**といい，こうして得られた ΔE を**活性化エネルギー**[8] という．室温付近では「10 K の温度上昇で反応速度が約 2 倍」といわれることがあるが，これは現実の化学反応の活性化エネルギーが $50\,\mathrm{kJ\,mol^{-1}}$ 程度のものが多いことに由来している．以前に多用された単位 cal (1 cal = 4.184 J) を使って $10\,\mathrm{kcal\,mol^{-1}}$ 程度ということである．

[8] 活性化エンタルピーなどの別の用語を使うのが適切な場合もある．

8章　集合体としての気体

■反応速度と化学平衡

反応系についての前項の議論は，逆の反応

$$Z \longrightarrow C \tag{8.4.6}$$

を考えても全く同様にできる．両方の反応速度が等しいとき，CとZの量は一定になり化学平衡に達する．この条件は，図8.6を参照して式 (8.4.3) を参考にすると

$$\frac{N_C}{2} \exp\left(-\frac{\Delta e}{k_B T}\right) = \frac{N_Z}{2} \exp\left(-\frac{\Delta e + e_2}{k_B T}\right) \tag{8.4.7}$$

となるはずである．両辺に $\exp(-\Delta e/k_B T)$ を含むから約分することができて，

$$N_C = N_Z \exp\left(-\frac{e_2}{k_B T}\right) \tag{8.4.8}$$

となる．すなわち，

$$\frac{N_C}{N_Z} = \exp\left(-\frac{e_2}{k_B T}\right) \tag{8.4.9}$$

である．式 (8.4.9) は，平衡状態におけるCとZの存在量の比は，温度と反応系と生成系のエネルギー差（に相当する量）で決まっていて，両者を隔てるエネルギー障壁の高さにはよらないことを示している．生成物をたくさん得るには低温の方が有利であることになる．一方，反応を速やかに進めるには反応速度を大きくする必要があるので，式 (8.4.3) から，エネルギー障壁を低くすればよいことがわかる．このような役割をもつ物質を**触媒**という．

実際の反応では，反応座標に沿ってエネルギーを描いたとき障壁が複数ある場合もある．その場合には，障壁の一つ一つを独立した素反応と考えることができる．全体の反応の速さが最も遅い反応で決まることは容易に理解できよう．全体の反応の速さを律する最も遅い反応を**律速反応**という．

■二分子反応

これまでと同じ化学反応式 (8.4.2) に対し，2個のC分子が衝突し必ず2個のZ分子に変わるという素反応も考えられる．このような素反応では，2個の分子のエネルギーの和が Δe になったときに，一定の確率 w（2分子のエネルギーの分配の様子に依存してもよい）で反応が起きたと考えればよいから，先の議論を繰り返すと反応速度がCの全分子数の二乗に比例することになる．このような反応を**二次反応**という．

同様に考えれば，化学反応

$$A + B \longrightarrow X + Y \qquad (8.4.10)$$

が二分子反応を素反応としているなら，その反応速度は，A の分子数と B の分子数の積に比例することになる．このような場合，その反応は全体としては二次，A および B についてそれぞれ一次であるという．

　化学反応の時間よりも短い時間内に 3 個以上の分子が引き続き衝突する確率は，2 分子の衝突に比べてはるかにまれである．このため，素反応の多くは単分子反応か二分子反応である．

　単分子反応も二分子反応も（理屈の上では 3 分子以上の反応をも）化学反応式 (8.4.2) の素反応として考え得ることが明瞭に示す通り，一般に化学反応式は反応速度（と反応機構）について何の情報も与えていない．これらは，反応毎に実験を行い，また量子化学的な解析を行ってはじめて知ることができる．**化学反応論**の研究対象である．

■詳細釣り合いの原理と平衡状態

　ここまでの考察を振り返ると，反応速度に基づいて平衡状態を求めたが，その結論には反応速度を強く支配する活性化エネルギーは現れなかった．実際，式 (8.4.9) はボルツマン分布の式 (8.2.22) そのものともいえる．このことから，平衡状態はミクロな状態変化によって維持されているが，状態変化の速さは重要ではなく，状態変化の「釣り合い」として実現することがわかる．これは化学反応の問題に限らず平衡状態に対して常に成立しており，**詳細釣り合いの原理**として知られている．

　式 (8.4.1) のような反応は，一般には，多数の素反応が組み合わされたものである．詳細釣り合いの原理が成り立っているからといって，その一つ一つの素反応について先のような解析を行うのは現実的でない．一方，式 (8.4.9) は，反応速度を解析しなくても平衡状態を決め得ることを示唆している．実際，化学平衡の状態を決めるには，温度と，生成系と反応系に含まれる物質のエネルギー（正確にはギブズエネルギーなどのエネルギーの次元をもつ熱力学量）を知ればよいことが**化学熱力学**によって示される．このような扱いの一端を次章で見る．

練習問題

A．質量の異なる 2 種類の原子（質点）からなる気体の圧力を計算し，「分圧の法則」[9] が成り立つことを示せ．

B．300 K における窒素分子と酸素分子の根二乗平均速度を計算せよ．

C．窒素分子を半径 2 Å の球と仮定して，300 K，10^5 Pa における平均自由時間と平均自由行程を計算せよ．分子の速さとして根二乗平均速度

[9] p.125 に内容が明示されている．

を用いよ.

D. 室温付近では温度が 10 K 上昇すると速度が 2 倍程度になる化学反応が多い. このとき, 反応を支配している活性化エネルギーはどの程度の大きさか.

参 考 書

D. A. マッカーリ, J. D. サイモン, 『物理化学 (下) —分子論的アプローチ—』 (千原・齋藤・江口 訳), 東京化学同人, 1999 年.

L. ポーリング, 『一般化学 (原書第 3 版) 上・下』 (関・千原・桐山 訳), 岩波書店, 1974 年.

阿竹 徹, 加藤 直, 川路 均, 齋藤一弥, 横川晴美, 『熱力学』, 丸善, 2001 年.

齋藤一弥, 堂寺知成, 『熱と温度』, 放送大学教育振興会, 2008 年.

9章 非分子論的物質の理解

●この章のねらい●

・熱力学的記述の特徴を説明できる
・（温度と圧力が一定の場合の）平衡の条件を説明できる

前章まで，もっぱらこの世界が原子や分子からできていることに注目し，その理解の仕方を述べてきた．一方で，こうした分子論的な詳細に全く依存しない自然の記述が存在する．**熱力学**である．自然の階層的な成り立ちとも関連しているとはいえ，熱力学による自然の記述は単なるそれを超えた内容を含んでいる．実際，原子・分子の世界の力学である量子力学は，古典力学と同様，時間の反転に対し対称である．つまり，全く逆向きの運動が許される．一方，現実の世界での出来事のほとんどは一方向にしか起きない．たとえば，異なる温度の物体を接触させておくとやがて同じ温度になるが，同じ温度の二物体を接触させて放置しておくと異なる温度になることがあるだろうか．熱力学は，こうした「起こること」と「起きないこと」を教えてもくれるのである[*1]．この章では，熱力学によって自然と物質がどのように記述されるかについて概略を述べる．ただし，熱力学の抽象度の高さゆえ，本書の他の部分のように「それらしい」理屈をつけにくい部分については，潔く論理を無視しているので注意してほしい．

*1 しかも，原子・分子の描像に基づく学問体系（**統計力学**）は，熱力学のこうした内容を未だに完全には説明できていない．

9.1 熱力学の基礎

■巨視的系の記述

前章で扱ったように，現実の巨視的な物質は膨大な数の粒子からなる．それぞれの粒子を質点と考えても，一つの粒子の運動を指定するに

は，座標と速度を指定しなければならない．座標と速度のそれぞれが3成分をもつベクトルであるから，N粒子全体の運動状態を指定するには$6N$の「数」を指定する必要がある．そうすれば，指定した瞬間以降の状態は運動方程式を解くことによって完全に知ることができるはずである．しかし，Nがどれほど大きいかを考えるとき，こうした記述が不可能であろうことは容易に想像できるし，仮にそれが可能であったとしても，有用性には疑問があろう．その一方で，私たちは多くの気体に対して理想気体の状態方程式

$$pV = nRT \tag{9.1.1}$$

がよく成立することを知っている．この状態方程式は，膨大な数の粒子からなる系の状態を指定するのに，たった二つの変数を指定すればよいことを教えてくれる．こうした「簡約化」された自然の記述に価値を見出すのは当然である．熱力学は，こうした立場を極限まで推し進めたものと捉えることができる．

■平衡状態

熱力学の主たる対象は，**平衡状態**である．平衡状態は，十分長時間観測を続けても，もはや変化が起きない状態である．**系**（注目している物質）が平衡状態に至るかどうかは置かれている環境に依存している．他の影響を全く受けない**孤立系**は十分長時間が経過すれば平衡状態に至ると期待できる．環境が変化を続けている場合は平衡状態に至らないのは明らかであるが，環境が一定であっても平衡状態が可能とは限らない．二つの物体AとCに挟まれた物体Bは（図9.1），AとCが異なる温度に保たれているとき，同じ状態であり続けるが（**定常状態**），平衡状態ではない．

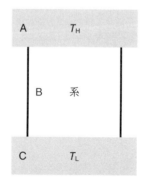

図9.1 長時間経っても平衡状態に至らない環境

9.1 熱力学の基礎 | *119*

■**熱力学の基本法則**

熱力学は，その名前の通り，身の回りの熱あるいはエネルギーに関わる現象を力学（仕事）と結びつける理論体系である．その定式化にはいろいろなやり方があるが，通常，次の基本法則を想定することが多い．

第零法則：熱的平衡状態を特徴付ける物理量である**熱力学温度** T が存在する．平衡状態では系の至る所において T は一定である．

第一法則：系が仕事 W をされたり熱 Q を吸収した場合（図 9.2）に変化し，その変化量が始めの状態（**始状態**）と終わりの状態（**終状態**）だけで決まる関数が存在する．これを**内部エネルギー** U という．$\Delta U = W + Q$ である[*2]．内部エネルギーは系の大きさに比例する（**示量性**[*3]）．内部エネルギーは，物質の状態で決まる量（**状態関数**）であるが原点を決めることができず，相対的な増減のみが特定できる．

第二法則：系の二つの状態を考えたとき，一方から他方へ力学的操作によって系を移すことができるかどうかをその増減で表す示量性の状態関数が存在する．これをエントロピー S という．$\Delta S < 0$ の変化は力学的操作では実現できない．

第三法則：熱力学平衡状態ではどんな物質でも $T = 0$ において $S = 0$ となる．

[*2] W を，系がされる仕事ではなく系のする仕事として，$\Delta U = Q - W$ とする場合も多い．

[*3] これに対し，温度や圧力のように系の大きさに比例しない量を**示強性**の量という．

■**熱力学第一法則とエンタルピー**

第一法則は**エネルギー保存則**を熱現象にまで拡張したものである．前

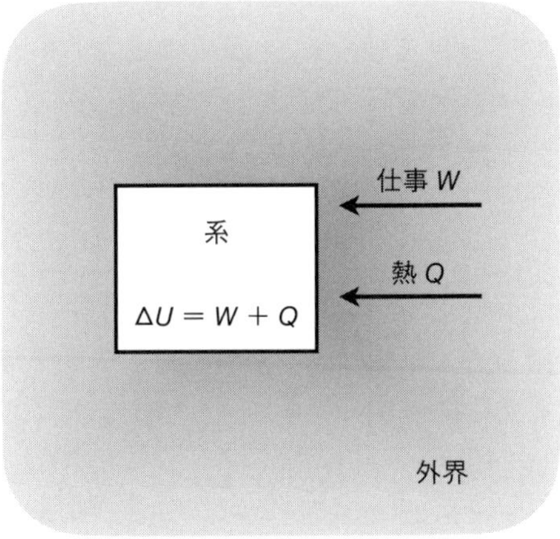

図 9.2 熱力学第一法則
仕事 W がなされ，また系が熱 Q を吸収した場合，
系の内部エネルギーの変化量は $\Delta U = W + Q$.

章で，質点の運動エネルギーの総和を気体のエネルギーと考えたことと対応している．

熱力学第一法則で重要な点は，熱も仕事も状態関数ではないにもかかわらず，その総和が状態関数になっていることである．これはたとえば，机の表面の温度を上昇させるのには手のひらで机をこすることも，湯の入った薬缶を置くこともできるが，方法とは関係なく机の内部エネルギーの増分は到達温度のみで決まるということである．

内部エネルギー U は，系の体積を一定に保ったまま温度を変化させる場合の熱容量（**定積熱容量**あるいは定容熱容量）C_v と

$$C_v = \left(\frac{\partial U}{\partial T}\right)_V \tag{9.1.2}$$

によって関係づけられる[*4]．

[*4] 右辺の括弧についた下付の添え字 V は，V を一定に保って偏微分することを明示している．数学ではこうした添え字を使うことは少ないが，熱力学では現れる量が多彩で，それらのどれもが独立変数になることがあるため，変化させない量を明示する習慣がある．

[*5] ピストンを想起し，体積変化による仕事を考えてみよ．$\Delta V = $ 断面積 × 変位である．

通常の化学現象では，温度と圧力が制御できる変数であることが多い．たとえば，実験室で行う実験の多くは大気圧下で行われる．二つの状態，(T_1, V_1) と (T_2, V_2)，を考えよう．この二つの状態の間を一定の圧力 p で移すことにすると，その前後の内部エネルギーの変化 ΔU は，第一法則によって $\Delta U = U_2 - U_1 = Q + W$ と表すことができる．圧力が一定という条件を課しているので，気体がした仕事 $(-W)$ は $-W = p(V_2 - V_1)$ と計算できる[*5]．したがって

$$\begin{aligned} Q &= (U_2 - U_1) + p(V_2 - V_1) \\ &= (U_2 + pV_2) - (U_1 + pV_1) \end{aligned} \tag{9.1.3}$$

となる．右辺は状態で決まる量 $(U + pV)$ の差になっているから，一定の圧力という条件の下では，熱 Q が状態関数の差になることを意味している．そこで，新しい状態関数 H を導入する．この状態関数を**エンタルピー**という．H を使うと，（一定の圧力という条件の下では）$Q = \Delta H$ である．エンタルピー H は，一定の圧力下で温度変化を行う場合の熱容量である**定圧熱容量** C_p と

$$C_p = \left(\frac{\partial H}{\partial T}\right)_p \tag{9.1.4}$$

によって関係づけられる．圧力を一定に保った場合には，体積が変化してしまうのが普通なので，その分，系外に対して仕事をしてしまって，熱のすべてを温度変化に振り向けることができない．このため，一般に $C_p \geq C_v$ である．

このようにして，これまで用いてきた反応熱などの用語は，熱力学的には反応エンタルピーなどに置き換えられるべきことがわかる．ただし，系が吸収した熱を Q としているから，$\Delta H > 0$ は吸熱反応であり，

$\Delta H < 0$ が発熱反応であることに注意する必要がある．熱化学における**ヘスの法則**[*6] は，化学反応に対する第一法則の直接的適用の結果，あるいは第一法則そのものといってもよい．

■熱力学第二法則とエントロピー

第二法則は，現実の世界に「できること」と「できないこと」があるという事実を法則にまで高めたものであり，抽象度が最も高い物理法則の一つである．ここでいう「できること」と「できないこと」というのは，たとえば，力学的操作（机をこすることなど）によって，温度を上げることはできるのに，下げることはできないということである．第一法則を含めた多くの物理法則がエネルギーなどの**保存量**に注目しているのに対し，第二法則には，変化の方向が定まった非保存量であるエントロピーに注目しているという特徴があることを指摘しておこう．

第二法則によれば，高温の状態は低温の状態に比べ，より大きなエントロピーをもつことになる．実際，異なる温度（T_L と T_H）の状態のエントロピー差 $\Delta S = S(T_\mathrm{H}) - S(T_\mathrm{L})$ は

$$\Delta S = \int_{T_\mathrm{L}}^{T_\mathrm{H}} \frac{C}{T}\,\mathrm{d}T \qquad (9.1.5)$$

で与えられる[*7]．これから，エントロピーが [エネルギー]/[温度] という次元をもつことがわかる．熱容量 C は正であるから，$T_\mathrm{H} > T_\mathrm{L}$ である限り $\Delta S > 0$ である．一方，第三法則によって $S_{T=0} = 0$ であるから，一般に $S \geq 0$ である．

エントロピーの基本的性質から，孤立系の自発的な発展（外部から何ら力学的操作を行わない）においても，S が減少することはないことが直ちにわかる．つまり，一定にとどまるか増加するしかない．平衡状態を主な対象とする熱力学が，変化の方向を規定する理論体系としても働くことがわかる．一方，平衡状態は長時間観測しても変化がない状態であった．したがって，平衡状態においてエントロピーは最大である．これを**エントロピー最大の原理**という．こうして，熱力学は，平衡状態という定義しにくい状態を，それ自身に固有の状態関数であるエントロピーを使って特徴付けるのである．

■ギブズエネルギー

孤立系の平衡状態がエントロピー最大の原理で決定されることを前項で見た．先にも述べた通り，化学が通常扱う物質あるいは現象は，温度と圧力が制御された環境下にあることが多い．温度 T と圧力 p を指定

[*6] 出発物質と最終反応生成物が同じなら，全反応熱は反応の経路によらないという法則．

[*7] 熱容量が発散して定義できない（一次）相転移点では，相転移による潜熱（**転移エンタルピー**），$\Delta_\mathrm{trs}H$，と相転移温度，T_trs，を用いて，相転移によるエントロピー変化（**転移エントロピー**），$\Delta_\mathrm{trs}S$，が $\Delta_\mathrm{trs}S = \Delta_\mathrm{trs}H/T_\mathrm{trs}$ で与えられる．

122 | 9章 非分子論的物質の理解

した場合には、**ギブズエネルギー** G の最小点で平衡状態が決定される。化学平衡にせよ凝固点降下にせよ、化学で扱うあらゆる現象の（温度と圧力を指定した）平衡状態はこの原理に支配されている。たとえば、氷が液体の水になる融解は、その温度を境に氷と液体のギブズエネルギーの大小が入れ替わったために安定状態が交代することによって起こる。このような相転移を**一次相転移**という。相転移の過程では、加えられた熱はもっぱら相転移に使われるので温度上昇は生じない。温度上昇に寄与しない熱という意味で**潜熱**という語を使うこともある。一次相転移は一般に潜熱を伴う。

ギブズエネルギー G は、エンタルピー H およびエントロピー S を用いて

$$G = H - TS \qquad (9.1.6)$$

で与えられる。式 (9.1.4) および式 (9.1.5) から、定圧熱容量を極低温から測定することによってギブズエネルギーが温度の関数として求められることがわかる。また、

$$\left(\frac{\partial G}{\partial T} \right)_p = -S \qquad (9.1.7)$$

であることもわかる。一方、ギブズエネルギーの圧力依存性は

$$\left(\frac{\partial G}{\partial p} \right)_T = V \qquad (9.1.8)$$

である。これらの関係は、ギブズエネルギーを温度と圧力の関数として知っていれば、温度・圧力・体積の関係である状態方程式が得られることを意味している。つまり、$G(T, p)$ を知ることは、その系について熱力学的な性質をすべて知ることと同じなのである。このような性質をもった熱力学関数を**完全な熱力学関数**という。すなわち、温度と圧力を独立変数としたとき、ギブズエネルギーは完全な熱力学関数である[*8]。

*8 同じことを「ギブズエネルギーの自然な変数は温度と圧力である」ともいう。

9.2 化学ポテンシャル

■化学ポテンシャル

化学変化が起こっていると系内には必ず複数の化学物質が存在する。こうした系を**多成分系**という。多成分系のギブズエネルギーは、一般にはそれぞれの成分のギブズエネルギーの和ではない。それでもギブズエネルギーを知ることは系のすべての熱力学的情報を知ることと等価だから、多成分系のギブズエネルギーを**組成**の関数として知ることが必要に

なる．

この目的のために成分 i の**化学ポテンシャル** μ_i を次式で定義する*9．

$$\mu_i = \left(\frac{\partial G}{\partial n_i}\right)_{T, p, n_j \neq n_i} \quad (9.2.1)$$

ここで偏微分は，温度 T，圧力 p だけでなく，他の成分の物質量 n_j を一定にして行う．純物質では，化学ポテンシャルは単位物質量あたりのギブズエネルギー，$G_m = G/n$，に等しい．式 (9.2.1) の定義により，成分 i を少量 (dn_i) 加えたときのギブズエネルギーの増分 ΔG は $\mu_i dn_i$ と表すことができる．各成分を少量ずつ加えた場合の増分は $\sum \mu_i dn_i$ である．ここで系の組成が $\{n_i\} = (n_1, n_2, \cdots)$ でギブズエネルギーが G_0 である場合に，各成分を少量ずつ ($\{dn_i\} = (\delta n_1, \delta n_2, \cdots) = \delta(n_1, n_2, \cdots) = \delta\{n_i\}$) 加えたとすると，これによるギブズエネルギーの増分は

$$\Delta G = \delta \sum \mu_i n_i \quad (9.2.2)$$

である．一方，このとき系は加える前に比べ $(1+\delta)$ 倍になっているので，G の示量性を考慮すると

$$\Delta G = \delta G_0 \quad (9.2.3)$$

のはずである．式 (9.2.2) と式 (9.2.3) を比較すると

$$G_0 = \sum \mu_i n_i \quad (9.2.4)$$

であることがわかる*10．こうして，系のギブズエネルギーを組成と各成分の化学ポテンシャルとで表すことができた．すなわち，すべての成分の化学ポテンシャルを知ることは系の熱力学的性質を知ることと等価である．

化学ポテンシャルがなぜ「ポテンシャル」という名称をもつかを，次の例で考えてみよう．互いに混じり合わない 2 種類の溶媒，a と b，が容器内にある．ここに，来たるべき平衡状態では完全に溶解する量の溶質 c を加えよう．平衡状態で a に溶けた c の物質量を n_a，b に溶けた c

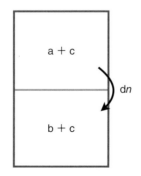

図 9.3 a に溶けた c を b の側に dn だけ移動する

*9 n として物質量ではなく分子数を取る場合もある．この場合の化学ポテンシャルは 1 分子あたりの量になる．

*10 ギブズエネルギー以外の示量性状態関数についても，化学ポテンシャルと同様に定義された**部分モル量**の和として書き表すことができる．

*11 それぞれの相における化学ポテンシャルμが，それぞれの相のギブズエネルギーの成分cの物質量による微係数として決まっているため．

の物質量をn_bとする．aに溶けているcをごく少量dnだけbの側に移すと（図9.3），それぞれの溶液に溶けたcの量は$n_a - dn$と$n_b + dn$になる．このときのギブズエネルギーは，平衡状態でaとbに溶けたcの化学ポテンシャルをそれぞれμ_aおよびμ_bとして

$$G_0 + \mu_b dn - \mu_a dn = G_0 + (\mu_b - \mu_a)dn \qquad (9.2.5)$$

と表すことができる[*11]．ここでG_0はcを移動する前の平衡状態のギブズエネルギーである．もし，この物質移動によってギブズエネルギーが減少するなら，cはaの側からbの側に移動するはずである．その条件は，

$$(\mu_b - \mu_a)dn < 0 \qquad (9.2.6)$$

である．しかし，物質移動前の状態は平衡状態だったので，そのときギブズエネルギーが最小であるから

$$(\mu_b - \mu_a)dn \geq 0 \qquad (9.2.7)$$

でなければならない．dnの正負，すなわちcの移動の方向によらずこれが成立しなければならないから

$$\mu_b - \mu_a = 0 \qquad (9.2.8)$$

が必要である．つまり，$\mu_a = \mu_b$でなければならない．これは，溶液が互いに接触して平衡であるとき，共通する成分の化学ポテンシャルが一致していることを表している．逆に言うと，化学ポテンシャルが等しくないとき，あたかも位置（ポテンシャル）エネルギーの大きな高所から位置エネルギーの小さな低所に液体が流れるように，物質が移動することによってより安定な状態を実現できる．つまり，物質が移動してしまう．これがμが化学ポテンシャルと呼ばれる理由である．

*12 ここでのaとbのように，ある相にしか存在しない成分についてはこれは成立しないと考える必要がある．

一般に熱力学系の中の示強性の量が一定となる領域を**相**という．上の議論は溶液という性質をあらわには使っていない．したがって，接触した任意の2相，任意の成分について同じ結論が得られる．つまり，多成分系が互いに平衡にあるとき，任意の成分の化学ポテンシャルは系内で一定になる[*12]．

9.3　混合物と化学平衡

■理想混合気体

2種類の気体，AとB，が混ざり合っているとき，お互いに全く無関係でいられるなら，圧力が[力]/[面積]であり，力が（ベクトル的に）加算できることを考慮すると，混合気体の圧力pは，同じ体積に一方だ

けの気体が存在する場合の圧力（**分圧**），p_A と p_B，の和で与えられるはずである：$p = p_A + p_B$．これを**分圧の法則**という．分圧の法則が成り立つ混合気体を，（成分の数によらず）**理想混合気体**という．理想混合気体では，各成分の物質量を n_i，全圧を p とすると，$p_i = n_i p / \sum n_i$ である．

理想混合気体では成分が互いに全く無関係だから，全体のギブズエネルギーはそれぞれの成分のギブズエネルギーの和で与えられる．理想気体の状態方程式（式 (9.1.1)）と式 (9.1.8) から，理想気体の単位物質量あたりのギブズエネルギー G_m は

$$
\begin{aligned}
G_m(T, p) &= G_m(T, p_0) + \int_{p_0}^{p} \left(\frac{\partial G_m}{\partial p} \right)_T dp \\
&= G_m(T, p_0) + \int_{p_0}^{p} V_m \, dp \\
&= G_m(T, p_0) + \int_{p_0}^{p} \frac{RT}{p} \, dp \\
&= G_m(T, p_0) + RT \ln \frac{p}{p_0}
\end{aligned}
\tag{9.3.1}
$$

と計算できる．ここで，p_0 は基準となる圧力である[*13]．これが理想混合気体中では化学ポテンシャルになるので

$$
\mu(T, p) = \mu(T, p_0) + RT \ln \frac{p}{p_0}
\tag{9.3.2}
$$

と表すことにすると，理想混合気体のギブズエネルギーは

$$
G = \sum n_i \left[\mu_i(T, p_0) + RT \ln \frac{p_i}{p_0} \right]
\tag{9.3.3}
$$

と表されることになる．

[*13] p_0 としては1気圧 (101325 Pa) や 10^5 Pa がよく用いられる．原理的にはどんな圧力でもよい．

■理想溶液

式 (9.3.3) は，p を全圧とすると，物質量の割合で表した組成（**モル分率**）

$$
x_i = \frac{n_i}{\sum n_j} = \frac{p_i}{\sum p_j}
\tag{9.3.4}
$$

を用いて

$$
\begin{aligned}
\frac{G}{(\sum n_j)} &= \sum x_i \left[\mu_i(T, p_0) + RT \ln x_i p \right] \\
&= \sum x_i [\mu_i(T, p) + RT \ln x_i]
\end{aligned}
\tag{9.3.5}
$$

と書ける．式 (9.1.8) を考慮すると，液体のモルギブズエネルギーの圧力依存性は（気体に比べてはるかに）小さい．そこで，ギブズエネルギーが

$$\frac{G}{(\sum n_i)} = \sum x_i \left[\mu_i(T) + RT \ln x_i\right]$$

と表される溶液を考えることがある．これを**理想溶液**という．理想混合気体と違って，理想溶液は必ずしも実在溶液の性質をよく近似するモデルではないが，溶液に関する議論の出発点として重要な役割を果たす．

■**化学平衡**

前章で考えた化学反応

$$A \rightleftharpoons B \tag{9.3.6}$$

を再び考えよう．これが一定圧力 p の理想混合気体中で進行するとする．反応の進行に伴って A の物質量 n_A は減少し，B の物質量 n_B は増加するが，その和，$n = n_A + n_B$，は一定である．反応の進行の程度によって，系のギブズエネルギー

$$G = n_A \left[\mu_A(T, p_0) + RT \ln \frac{p_A}{p_0}\right] + n_B \left[\mu_B(T, p_0) + RT \ln \frac{p_B}{p_0}\right] \tag{9.3.7}$$

は変化する（図 9.4）．平衡状態ではこのギブズエネルギーが最小になっている．$p_A = p\, n_A/n$, $p_B = p(n - n_A)/n$ および $n_B = n - n_A$ と書けることに注意して，式 (9.3.7) を n_A で微分して 0 に等しいとすると

$$\frac{dG}{dn_A} = \left[\mu_A(T, p_0) + RT \ln \frac{p_A}{p_0}\right] - \left[\mu_B(T, p_0) + RT \ln \frac{p_B}{p_0}\right] = 0 \tag{9.3.8}$$

が得られる．これから，

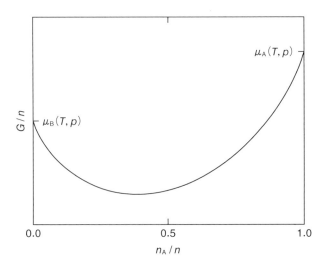

図 9.4　反応 (9.3.6) の A (n_A) と B ($n-n_A$) の混合系のギブズエネルギー

$$\ln \frac{p_B}{p_A} = -\frac{\mu_B(T, p_0) - \mu_A(T, p_0)}{RT} \qquad (9.3.9)$$

となる．p_0 は，理想気体のギブズエネルギーを圧力の関数として積分を通して求める際に勝手に選んだ（選んでしまった）圧力なので，右辺は温度のみで決まっている．式 (9.3.9) は

$$\frac{p_B}{p_A} = \exp\left[-\frac{\mu_B(T, p_0) - \mu_A(T, p_0)}{RT}\right] \qquad (9.3.10)$$

と書くことができる．右辺はやはり温度だけで決まった定数である．この左辺の量を，（この反応の）**平衡定数**という．類似の方法で，一般の気相反応に対していわゆる**質量作用の法則**を導くことができる．ここでは，前章と違い，素反応の情報などを全く使わずに平衡定数が導かれることに注目しよう．化学反応式に表される情報だけで平衡定数が得られるのである．ここに熱力学の方法の強力さを見ることができる．

9.4 原子論的記述との関係

■ボルツマンの原理

現実の自然が原子・分子からなっている以上，その状態・運動と，この章で議論してきた巨視的記述の関係を問うのは当然である．これを担うのは**統計力学**（あるいは統計物理学）という分野である．

一定量の理想気体の平衡状態は，圧力 p，体積 V および温度 T のうちの二つを指定すれば決まるが，指定された平衡状態にはそれぞれの分子の状態（位置，速度）の異なる膨大な状態が含まれている．後者の意味（個々の分子に基づく記述）の個々の状態を**微視的状態**という[*14]．平衡状態を議論する限りにおいては，エントロピー S と系のもつ微視的状態の数 W の間に

$$S = k_B \ln W \qquad (9.4.1)$$

という関係を仮定すれば，熱力学量の関係式が完全に再現できることが知られている．式 (9.4.1) を**ボルツマンの原理**という．微視的状態の数は「微視的な乱雑さ」とも解釈できるため，エントロピーと乱雑さの関係が一般にも議論されることがあるわけである．しかし，このことは，ボルツマンの原理が，エントロピーの非減少を主張する熱力学第二法則を説明している訳ではない．エントロピーの大小を微視的状態数の大小に焼き直したにすぎないからであり，答えるべきは「何故」だからである．熱力学の統計力学的基礎づけは，現代物理学の重要な話題である．

[*14] 微視的状態は概念として意味があるのであって，基底状態のような特別な場合を除き，それぞれの微視的状態には大きな意味はない．

練 習 問 題

A. 「温度計で測っているのは温度計の温度である」といわれる．第零法則に基づいて説明してみよ．

B. 式 (9.1.7) を確かめよ．

C. 温度に依存しない熱容量 C をもつ二つの物体を断熱容器の中で接触させた．接触前の温度がそれぞれ T_H と T_L であったとする．断熱容器の熱容量は無視できるものとする．

    a) 第一法則に基づき，接触して十分な時間が経過した後の温度を求めよ．

    b) 接触前後の状態のエントロピーを比較し，接触によりエントロピーが増大したことを確認せよ．

D. 反応 (9.3.6) が理想溶液内の反応のとき，平衡定数がどのように表されるか計算してみよ．

E. 式 (9.4.1) を用いて，一つの分子が二つの状態をもつとして N 粒子の系のエントロピーを計算し，ボルツマンの原理がエントロピーの示量性と矛盾しないことを確認せよ．

F. 適当な物質の融解熱と蒸発熱を調べ，それぞれの相転移による転移エントロピー（融解エントロピーと蒸発エントロピー）を計算せよ．ボルツマンの原理に基づいて，これらの大小について論じてみよ．

参 考 書

佐々真一，『熱力学入門』，共立出版，2000 年.
田崎晴明，『熱力学 —現代的な視点から』，培風館，2000 年.
田崎晴明，『統計力学 I，II』，培風館，2008 年.

Column・コラム・7

BZ 反応

普通，化学物質を混合して放置すると，化学反応が進行し，やがて変化の無い状態に落ち着く．この状態は**平衡状態**の一種であって，**化学平衡状態**という．生命を支える化学反応群も基本的には，物質供給を停止すれば反応の連鎖が停止し，生物は死に至る．化学物質やエネルギーの出入りに注目すると，生命が化学物質とエネルギーを取り入れている限りにおいて化学

平衡を迎えないことだけはわかる．一方，生命では高等生物の心臓の拍動に見られる通り，単調な変化だけではなく，リズムを刻むといった特徴もある．こうした現象にも物質的な基礎があると考えるべきである．

生化学者である B.P. ベロウソフは 1950 年に，クエン酸サイクルに関わる研究の過程で，約 1 分周期で溶液の色が入れ替わる**振動反応**（最終的には平衡状態になる）を発見した．翌年，ベロウソフはこの発見を論文にして発表しようとしたが，審査員の理解が得られず，叶わなかった．それでも，この発見は近隣の研究者の間に

伝わったという．1968年にA.ジャボチンスキーが追試の結果を国際会議で発表し，この反応は広く知られることとなった．このため，現在，この反応は**ベロウソフ-ジャボチンスキー反応（BZ反応）**と呼ばれている．

BZ反応は

$$2\,BrO_3^- + 3\,CH_3(COOH)_2 + 2\,H^+$$
$$\longrightarrow 2\,BrCH(COOH)_2 + 3\,CO_2 + 4\,H_2O$$
(C7.1)

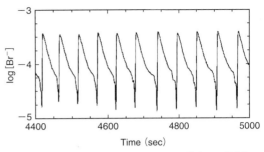

図C7.1 BZ反応における臭化物イオン濃度の時間変化
(H. Onuma, ら., *J. Phys. Chem. A*, **115**, 14137 (2011) より)

と表すことができる．8章で述べた通り，化学反応式は実際の反応過程を演繹することはできない．研究の結果，

$$BrO_3^- + Br^- + 2\,H^+ \longrightarrow HBrO_2 + HOBr \quad (C7.2)$$

$$HBrO_2 + Br^- + H^+ \longrightarrow 2\,HOBr \quad (C7.3)$$

$$BrO_3^- + HBrO_2 + 2\,Ce^{3+} + 3\,H^+$$
$$\longrightarrow 2\,HBrO_2 + 2\,Ce^{4+} + H_2O \quad (C7.4)$$

$$2\,HBrO_2 \longrightarrow BrO_3^- + HOBr + H^+ \quad (C7.5)$$

$$BrCH(COOH)_2 + 4\,Ce^{4+} + 2\,H_2O$$
$$\longrightarrow 4\,Ce^{3+} + Br^- + HCOOH + 2\,CO_2 + 5\,H^+$$
(C7.6)

の5種の反応が，振動反応の実現には重要であることが明らかにされた．Br^-が十分な量あるときは，反応 (C7.2) と (C7.3) が支配的でBr^-が速やかに消費されるが，Br^-の濃度がある値（閾値）以下になると，支配的な反応が (C7.4) と (C7.5) に切り替わり，Ce^{3+}がCe^{4+}へと酸化される．こうして生成されたCe^{4+}は，式 (C7.6) によってBr^-を生成するとともにCe^{3+}へと還元される．Br^-の濃度が閾値を超えると再び反応 (C7.2) と (C7.3) が支配的になる．こうして反応は振動現象を示す．この過程は，反応速度の反応物濃度依存性を表す反応速度式（8.4節参照）によって解析することができる．反応速度式は連立常微分方程式の形をもっており，振動反応となる条件，（上述の）閾値の存在条件（少なくとも3次以上の反応過程が含まれる）などが数学的に明らかにされている．

ここで示したような振動反応が生命のリズムの基礎だとしても，化学反応は生命体から見ればあくまで局所的な事柄である．たとえば，細胞は多くの生体膜で仕切られ，決して均一ではない．また，仮に細胞1個を均一と考えても，心臓が拍動するには多数の細胞の同期が必要となる．このため，ここで紹介したような仕組みだけでは生命の理解に足らないことは明らかである．つまり，生命に関係した化学反応を理解しただけでは生命は理解できない．別の論理あるいは方法論が必要であることを確認しておきたい．

参 考 書

蔵本由紀，『非線形科学』，集英社，2007年．

10章 物質の三態

●この章のねらい●

・物質の三態を説明できる
・液化，結晶化の原因を説明できる
・相図とは何かを説明できる

　この章では，8章に引き続き集合体としての物質の性質について概観する．気体と液体の違いとそれをもたらすもの，結晶化の原因などを説明すると共に，物質の三態とその分子論的なイメージを解説する．

10.1 気体と液体

■分子間相互作用

　理想気体の状態方程式は実際の気体の挙動をかなり正確に記述するが，すべての物質が温度低下に伴って凝集し，液体や固体（まとめて**凝集相**という）に変化する以上，不完全さは否定できない．統計力学の方法により質点の集団が理想気体として振る舞うことはわかっているので，このモデルで無視されている分子間相互作用を考える必要がある．

　電荷の偏りをもたない非極性分子間のエネルギーは，分子間距離（r）が大きい場合，分子の**分極率** α を用いて，大略

$$-A \frac{\alpha_1 \alpha_2}{r^6} \tag{10.1.1}$$

と表されることが量子力学により明らかにされている．A は分子によらない係数である．これを**分散力**という．**ファン・デル・ワールス引力**ということもある．分散力は常に**引力**的であり，分子間距離が小さいほどエネルギーが小さくなる．一般に分子の分極率は分子に含まれる電子

が多いほど大きいから，大雑把には大きな分子ほど強い引力相互作用を示す．

分子間距離が小さくなると，それぞれの分子の電子が同じ領域を占める必要がでてくる．これは**パウリの原理**に反するので，波動関数を大きく変形させる必要がある．このためには大きなエネルギーが必要なので，分子間距離が小さいとき相互作用は**斥力**的になる．このときのエネルギーの距離依存性は，指数関数 $B\exp(-Cr)$ やべき関数 D/r^n $(n>6)$ で表すことが多い．べき関数の場合の指数 n としては，理論的な扱いやすさから 9 や 12 がしばしば用いられる．この強い斥力が**ファン・デル・ワールス半径**（5章）を決めているのであり，実質的な分子の大きさを決めている．このため，分子の形と大きさで決まっている斥力を**排除体積相互作用**ということもある．

中性分子間に働く分子間相互作用は分散力と排除体積相互作用の足しあわせで近似できるから，図 10.1 のような極小をもつものになる．極小におけるエネルギー利得は，化学結合のエネルギーより一桁以上小さい．巨視的物質を多数の分子の集まりとして記述できるのはこの事情による．自然の階層性の現れである．

分子が全体として中性でも電荷の分布に偏りがある**極性分子（有極性分子）**の場合には，**双極子**モーメント（7章）や，より高次のモーメント（四重極子，八重極子など）が発生する．これらの間の相互作用は，分散力と異なり，分子の方位に依存し，引力的にも斥力的にもなり得る．分子が電荷をもっている場合には，電荷の間に静電相互作用が働く．同種電荷間には斥力的相互作用が，異種電荷間には引力的相互作用が働くことはいうまでもない．

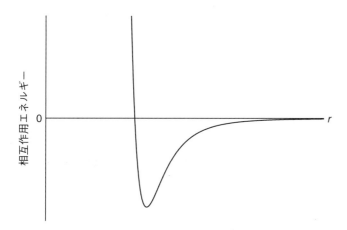

図 10.1 中性分子間に働く分子間相互作用の距離 r 依存性（模式図）

水素結合は，電気陰性度の大きい原子と水素原子の間に働く相互作用である．氷中の水素結合に見られるように，方位依存性をもつ．他の分子間相互作用と化学結合の中間程度の強さをもち，分子間相互作用としては非常に強い．水・氷の性質の異常性や生命現象の化学的な仕組みに大きな役割を果たしている．

■ファン・デル・ワールスの状態方程式

理想気体に分子間相互作用の効果を取り込むことを考える．斥力については分子の大きさを考慮することで取り込むことにする．分子1個の大きさをb/N_Aとすると気体1 molあたりbだけ分子が飛び回る体積が減少している．したがって状態方程式の体積Vを$(V-nb)$で置き換えよう．

$$V \longrightarrow (V - nb) \tag{10.1.2}$$

分子間相互作用の引力は，圧力を減少させている．2分子間の相互作用が主であると考えられるから，この減少は，全体としては分子の数密度の二乗に比例すると考えられる．そこでこれを$a(n/V)^2$と表すことができることになる．これだけ圧力が減少して見かけ（実際）の圧力pが実現しているのだから，状態方程式の中の圧力pは「本当は生じているはずの圧力」である$(p + an^2/V^2)$であるべきである．すなわち

$$p \longrightarrow \left[p + a \left(\frac{n}{V} \right)^2 \right] \tag{10.1.3}$$

となる．この置き換えを行うと，

$$\left(p + \frac{an^2}{V^2} \right)(V - nb) = nRT \tag{10.1.4}$$

となる．これを**ファン・デル・ワールスの状態方程式**という．式の中の定数aとbは物質によって決まった定数（**物質定数**）である．

ファン・デル・ワールスの状態方程式をp-V平面上に様々な温度でプロットしてみると図10.2のようになる．ある温度以下では曲線は横S字型であり，一つの圧力に対して三つの異なる体積をとることができる領域がある．両端の体積では$(\partial p/\partial V)_T < 0$であって加圧すると収縮するという正常な挙動を示すが，中央の領域では$(\partial p/\partial V)_T > 0$で，加圧すると膨張することになっており，不自然である．現実には，低温で気体を圧縮していくとある圧力（**飽和蒸気圧**）で凝縮（**液化**）が始まり，さらに圧縮しても全体が凝縮し終えるまでは圧力は一定で，全体が液体になると液体は圧縮されにくいために急激に圧力が高くなる．したがって，両側の領域は**気体**と**液体**に対応している．分子の体積と引力を考慮

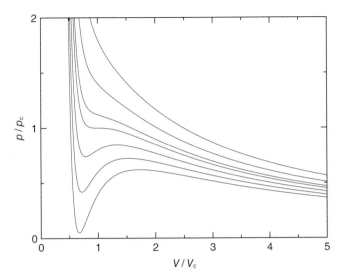

図 10.2 ファン・デル・ワールス状態方程式
上の曲線ほど高温である．上から 4 本目の曲線は $T = T_c$ のとき．p_c と V_c, T_c は臨界点の圧力と体積，温度．

することによって，気体と液体の両方を（定性的にではあるが）記述できる状態方程式が得られたのである[*1]．

*1 J. ファン・デル・ワールスはこの研究で 1910 年にノーベル物理学賞を受賞した．

■臨界点

図 10.2 によれば，温度が高くなると気体と液体の体積の差，つまり密度の差は次第に小さくなり，ある温度より高温では単調な挙動となる．この領域ではどのような圧力でもただ一つの体積のみが可能であり，気体と液体の区別が無いことになる．このような挙動は実際にも観測される．気体と液体の区別が無くなる（p-V 平面上の）点を**臨界点**という．気体と液体の区別が無くなった状態を**超臨界状態**という．この状態では気体と呼ぶことも液体と呼ぶことも適当でないが，流動性は保っていることから**流体**ということがある．なお，流体は，気体と液体の両方を指す意味で使われることもある．

臨界点では

$$\left(\frac{\partial p}{\partial V}\right)_T = \left(\frac{\partial^2 p}{\partial V^2}\right)_T = 0 \tag{10.1.5}$$

となっているはずである．ファン・デル・ワールスの状態方程式を微分してこれらを満たす（臨界点における）温度 T_c, 圧力 p_c, 体積 V_c を決定することができる．計算を行うと

$$T_c = \frac{8a}{27bR} \tag{10.1.6}$$

134 | 10 章　物質の三態

$$p_c = \frac{a}{27b^2} \qquad (10.1.7)$$

$$V_c = 3b \qquad (10.1.8)$$

となる．これらは

$$\frac{RT_c}{p_cV_c} = \frac{8}{3} \qquad (10.1.9)$$

という関係を満たしている．興味深いことに，式 (10.1.9) には物質に依存する a や b は含まれていない．実際，式 (10.1.9) の左辺で表される量 (RT_c/p_cV_c) は，物質にはほとんどよらないことが知られている．ただし，その大きさは 8/3 より大きく 3.5 程度である．ファン・デル・ワールスの状態方程式の近似的な性質が現れているといえる．

■対応状態の原理

臨界点における T_c, p_c, V_c を使うと，ファン・デル・ワールスの状態方程式 (10.1.4) は

$$\left[\left(\frac{p}{p_c}\right) + 3\left(\frac{V_c}{V}\right)^2\right] \cdot \left[\left(\frac{V}{V_c}\right) - \frac{1}{3}\right] = \frac{8}{3}\frac{T}{T_c} \qquad (10.1.10)$$

と書き直すことができる．これは (p/p_c)，(V/V_c)，および (T/T_c) という還元された変数（**換算変数**）で書き表したファン・デル・ワールスの状態方程式である．この形にすると，もはや物質ごとの個性はすべて臨界点の温度，圧力および体積に含められてしまっており，あらゆる物質についてこの等式が成立することを示唆している．

実際に種々の物質について温度と密度を比較した例を図 10.3 に示す．ここには希ガス，等核二原子分子，異核二原子分子，多原子分子が含まれている．極性の有無や分子の形状によらず同一の曲線で記述できていることがわかる．つまり，物質の性質は臨界点からの「距離」だけで決まっているのである．このような関係を**対応状態の原理**という．種々の性質が，物質によらず，上記の換算変数のみの関数であることが知られている．様々な物質で挙動を比較する際に，それらに等しく存在する性質を利用して対応する状態（対応状態）について比較を行うことは意味があることであると考えられている．このため，経験的に用いられている多くの気体の状態方程式は，対応状態の原理を満たすように構成されている[2]．

対応状態の原理は，気体・液体の性質に限定した考え方ではない．相転移温度（圧力）が異なる物質の比較をする場合，同じ温度（圧力）で比較することには意味がなく，転移温度（圧力）に対してどれだけ近いかという形で比較をすべきである，というのが対応状態の原理の内容であ

[2]　練習問題 A のディーテリチの状態方程式もそのような状態方程式の一つ．

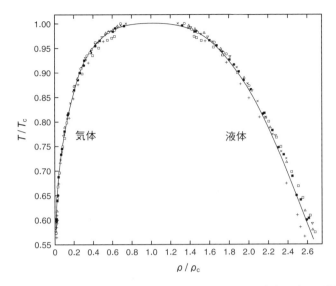

図 10.3 様々な物質に対する換算密度 (ρ/ρ_c) と換算温度 (T/T_c) の関係
(+, Ne；●, Ar；■, Kr；×, Xe；△, N$_2$；▽, O$_2$；□, CO；○, CH$_4$)
(E. A. Guggenheim, *J. Chem. Phys.*, **13**, 253 (1945) より)

る（例：温度 T を相転移温度 T_{trs} で割って T/T_{trs} で扱う）．上記の気体・液体の性質では，臨界点を共通の相転移点と考えていることに相当する．実際の問題としては，どのような変数について対応状態を考えるのが妥当であるかは必ずしも自明でない．むしろ，妥当性のある比較ができる変数を発見することによって，自然（現象）の理解が進むと考えるべきであり，対応状態の原理は，現代的な物質理解の指導哲学というべき位置を占めている．

10.2 液体の構造と結晶化

■液体の構造

気体について調べたときには気体の構造について考えることはなかった．それは，気体が完全に乱雑な分子配置をとっているからである．実際，気体では実在の気体の性質を非常によく再現する理想気体というモデルを考えることができた．理想気体では，分子の大きさは無視できるほど小さく，またその相互作用も無視できるほど小さいとして議論を進めることができるのである．相互作用を考えなくても性質がよく記述できる系には，特別な構造は存在しないと考えることができる．

これに対して気体以外の状態では，分子間相互作用を考えることなし

には物質の集合状態が得られないから，たとえ結晶のようにはっきりしたものでなくとも，液体には何らかの構造があると考えられる．実際，波長が原子間の間隔程度の電磁波である**X線**や**中性子線**を液体にあてると，干渉効果により**回折**現象が観測される．X線は原子（より正確には，原子中の電子）によって散乱されるので，回折波を解析することにより液体中の分子配列についての情報を得ることができる[*3]．

*3 中性子線は原子核によって散乱される．

アルゴンについて報告されている動径分布関数を図10.4に示す．動径分布関数 $g(r)$ は，ある原子（たとえば図中の灰色の原子）を原点においたときにある方向について距離 r の位置に存在する原子の分布関数である．約3Å以下で値が0になっているのは，この大きさがアルゴン原子の半径であるからである．次に鋭いピークがあるのは，他のアルゴン原子がほぼ接して存在しているためである．ピークの次の極小までの積分[*4]から，アルゴン原子1個の周囲には約10個の原子が存在していることがわかる．それ以遠では原子直径の数倍程度までは殻構造が認められるが，中心の原子から離れるに従い殻構造は不明瞭になる．原子の直径の数倍以上で $g(r) = 1$ となっているのは，平均密度になっているからである．球形に近い多原子分子からなる液体では，分子の中心が類似した分布を示す．より詳細に見ると，たとえば四塩化炭素では，最近接分子の配列は結晶中の分子配列と類似していることが明らかにされている．このように，液体中には，近距離においては秩序があるのである．これを**短距離秩序**という．

*4 半径 r の球面の面積である $4\pi r^2$ を掛けてから積分する．

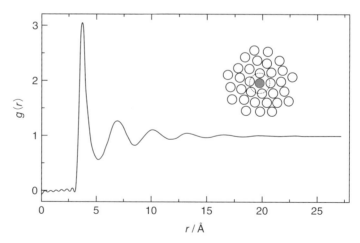

図10.4 液体アルゴンの動径分布関数（温度：85K）
（J.L. Yarnel ら，*Phys. Rev. A*, **7**, 2130 (1973) をもとに作図）
挿入図は液体の構造の模式図．中心原子（灰色）から原子直径程度の距離に多くの原子がある．

■結晶の構造

液体のもつ短距離秩序に対し，原子・分子の大きさに比べて非常に長距離における秩序を**長距離秩序**という．**結晶**の基本的な性質は**周期性**である．無限に続く周期的な（ジャングルジムのような）**格子**を考え，**格子点**（パイプが集まったところ）に原子団を配置したものが「古典的な」結晶である（「非古典的な」結晶については後述）．このため，原理的には，ある位置に分子が存在することを知れば，非常に遠方の点における分子の存在・不存在を確定的に述べることができる．

結晶構造の解析には液体の場合と同じように回折現象が利用される[*5]．結晶構造は結晶の性質の理解の基礎であるだけでなく，結晶構造解析が分子構造を決定する最も直接的な手段であるため，化学研究の現場において日常的に利用されている．その詳細については**結晶学**の教科書を参照されたい．

結晶の性質の多くは周期性に基づいて理解することが可能である．たとえば，電子状態の量子力学的計算においても周期性が最大限に利用される．詳しくは**固体物理学**の教科書を参照のこと．

[*5] X線，中性子線，電子線が目的に応じて使いわけられる．たとえば，図10.5は電子線による回折像である（ただし対象は準結晶）．結晶の場合，回折像におけるスポットの空間配列から結晶の周期，スポットの相対強度から原子配列が求められる．

■結晶化の原動力

気体が凝集して液体になるのは分子間の**引力**のせいである．それでは，液体が周期的配列をもつ結晶になることも分子間の引力の結果であろうか？　このような問題に通常の実験で回答を与えることは難しい．しかし，次のような問題を検討すれば答えを得ることができると考えられる．

パチンコ玉のように硬い粒子（剛体球）を考えると，粒子間には引力は働かず，粒子間距離が直径に一致したときに無限に大きな**斥力**が働くことになる．この剛体球の集団は結晶化するだろうか？運動方程式を数値的に解くことによって多数の粒子の運動を追跡すると，ある密度以上では粒子が空間的に周期的に配列し結晶となることが示された．このことは，結晶の規則構造をつくるのは分子間相互作用のうちの斥力であることを示しているといえる．現実にも，コロイド粒子間に斥力のみが働くようなコロイド溶液を静置すると，斥力のみで形成される結晶が得られることが知られている．

ここで紹介した，コンピュータを使って大量の計算を行い未知の現象を探る"実験"を**計算機実験**という．計算機実験では現実に存在しない系について研究が可能であり，逆説的であるが，それによって自然現象

の本質を取り出すことができる場合がある．計算機実験は，最近では理論，実験と並んで自然科学の第三の方法になっている．**計算化学**においても計算機実験が一定の割合を占めている．

■準結晶と新しい「結晶」像

2011年のノーベル化学賞は**準結晶**の発見に対して贈られた．準結晶は，これまでに述べた「古典的」結晶のような完全な周期性をもつわけではない．実際，準結晶はたとえば5回対称性[*6]をもつが，5回対称性が周期的配列と相容れないことは容易に確かめられる．その一方で，準結晶に対して回折実験を行うと，結晶とよく似たスポットからなる「写真」（回折像）が得られる（図10.5）．

20世紀後半になると，スポットからなるものの完全な周期性とは相容れない回折像を与える固体が数多く発見されるようになった．このため，結晶学（結晶を対象とする科学）の国際学会である国際結晶学連合は，「輝点からなる回折像を与える固体」を「結晶」と定義し直した．この意味で準結晶は結晶の一種であるともいえる．「秩序状態＝周期性」という結晶の既成概念を打ち破ったという点で，準結晶の発見は「物質観の深化」に大きく寄与したといえるだろう．

[*6] **n回対称性**とはある軸の周りに$2\pi/n$だけ回しても元の状態と区別できないこと．5回対称なら72°（＝$2\pi/5$）だけ回転させる．

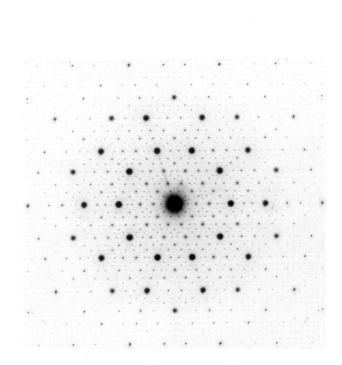

図10.5 準結晶の電子線回折像
(T. Ishimasa, *IUCrJ*, **3**, 230 (2016))．明瞭な10回対称性が見られる[*7]．

[*7] この準結晶は5回対称であるが，回折像が必ずもつ反転対称性のため10回対称となっている．

10.3 物質の三態と相図

■相と相転移

水道の蛇口をひねって出てくる水もコップの中に入っている水も，詳しく分析すれば不純物の量が違うだろうが，「水」であることに変わりはない．そして，どんな水も（ほぼ）同じ温度で凍り，（ほぼ）同じ温度で沸騰する．つまり，巨視的物質はその量や形によらず同じ巨視的性質を示す．したがって，（巨視的にみて）均一な状態の物質を，区別せずにひとまとめにして考えるのが都合がよい．巨視的物質を分類するには**相**という考え方を使う（9.2節）．温度，圧力，組成などが均一である領域が相である[*8]．具体的には**気相**，**液相**，**固相**をすぐに思い浮かべることができる．純物質に対しこの3相をさして「**物質の三態**」ということもある．

異なる相の間で系の状態が変わることを**相転移**という．相転移現象には，氷の融解や水の沸騰など物質の三態の間の相転移だけでなく，異なる構造をもつ結晶相の間の相転移，磁気的性質が変わる磁気相転移，伝導電子系が示す超伝導相転移など様々なものがある．また，ある種の濃厚石鹸水など，多成分系において凝集状態の変化を伴う相転移もある．

■物質の融解過程

アルゴンの固体（結晶）は加熱すると，**融解**して液体になり，さらに加熱すると**蒸発**して気体になる．アルゴンは単原子分子として存在し，運動自由度としては重心の並進自由度のみをもつ．絶対零度における結晶の完全な周期的配列から出発して，液体，気体と次第に秩序が崩壊していくわけである．言い換えれば，物質の融解過程や蒸発過程は無秩序の獲得の過程である．ここでは融解過程に注目する．

結晶が分子からなる場合には，アルゴンと比較して二つの新しい運動自由度があることになる．一つは，分子の回転の自由度である．絶対零度では完全秩序状態が実現すると考えられるから，どのような分子の結晶でも，分子は位置だけでなくその向き（配向）についても完全な秩序状態にあるはずである．温度の上昇と共に系内の乱れが増し，（分子の分解が起きないと仮定した場合，）十分高温では位置と配向が無秩序な液体に至ることになる．ベンゼンなどの簡単な化合物では，この位置と配向という2種類の「融解」は同時に起こる．ところがこれらは別々に起こることがある（図10.6）．球形に近い分子は先に配向についての融

[*8] 相という概念は純物質に限ったものではない．たとえば，均一な溶液も至るところで温度，圧力，組成が同じであるからひとつの相である．

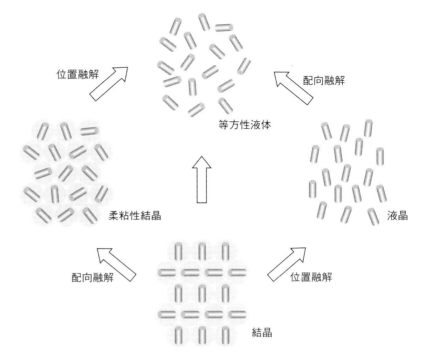

図 10.6 分子結晶の融解過程

解が起きて**柔粘性結晶**と呼ばれる配向無秩序相になり，より高温で「位置の融解」が起きて液体になる．たとえば，フラーレン（C_{60}）の結晶は室温で柔粘性結晶である[*9]．一方，分子形状が棒あるいは円盤のように強い異方性[*10] をもつ場合には，分子の配向を保ったまま位置についての融解が起きてしまう場合もある．この結果生じた，位置のみが融解した状態が**液晶**である[*11]．位置（並進）の自由度が乱れているので流動性を示すという点では液体であるが，配向についての規則性が残っているので性質に異方性をもつ．つまり，液晶は異方性をもった液体である．実際，液晶ディスプレーでは，電場を印加して（光学的）異方性の方向を変化させることにより，光の透過・非透過を切り替えて表示を実現している．液晶はより高温にすると「配向の融解」を起こし，異方性のない**等方性液体**になる．なお，柔粘性結晶相や液晶相のように融解過程の途中段階で現れる種々の相を**中間相**と総称する．

ここで議論したような，集合体における秩序を定量的に表す物理量は，前章で導入されたエントロピーである．エントロピーを使って，分子結晶の融解過程を位置融解と配向融解に分けて考えることの妥当性が確認されている．

実際の分子は剛体で近似できるとは限らず，分子の「変形」を考える

[*9] ただし，普通の条件では昇華してしまうので，融解は観測されない．

[*10] 異方性は「方向によって異なること」である．異方性と対照的な「どの方向についても同じこと」を**等方性**という．

[*11] 液晶には多くの種類がある．ここで述べた液晶は配向の秩序だけが残ったネマチック液晶と呼ばれるもの．

必要がある場合も多い．たとえば，単結合周りの回転は非常に容易である．現実に使われている液晶材料を構成する分子は，上で考えたような単純な棒状ではなく，棒状部分の一端または両端に長いアルキル鎖が結合していることが多い．この場合，「アルキル鎖が"融ける"のはどの段階か？」というような問題を設定することができることになる．

分子間に特別な相互作用が働いている場合には，その影響も考える必要がある．分子間相互作用としてとくに強く，重要なのは水素結合である．水の特異な物性は，液体中の水素結合ネットワークの静的・動的な生成・解離と深く関係していると信じられている．しかし，その理解にはほど遠い現状にある．たとえば，水の熱容量があれほど大きく，温度依存性が小さいことを，計算機実験的ではなく定性的にわかりやすく説明するのは非常に難しい．

■純物質の相図

普通の物質には少なくとも気体（気相），液体（液相），固体（固相）の3相があり，温度や圧力を変えると異なる相が現れる．圧力や温度といった変数に対して現れる相を表示した図を**相図**という．気相，液相，固相の3相だけをもつ純物質の（仮想的な）相図を図10.7に示す．

相の境界（相境界）では隣接する2相が平衡状態で共存することができる．相境界は相転移温度の圧力依存性と考えることも，相転移圧力の温度依存性と考えることもできる．とくに凝集相（固相および液相）と気相の間の相境界は，凝集相と共存する蒸気の圧力を示すから，**蒸気圧曲線**としての意味をもっている．

熱力学によれば，相境界の傾きと隣接する2相の性質には関係があ

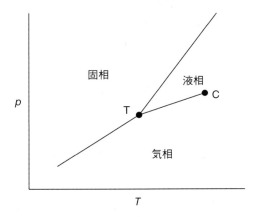

図 10.7 気体，液体，固体の関係を示す相図（模式図）
三重点（T）と気-液臨界点（C）がある．

*12 相境界上の2点，(T_0, p_0) および $(T_0+\Delta T, p_0+\Delta p)$（ただし ΔT, Δp は小さい），を考える．どちらの点でも2相，1と2，の化学ポテンシャル（モルギブズエネルギー）は等しいので $\mu_1(T_0, p_0) = \mu_2(T_0, p_0)$ および $\mu_1(T_0+\Delta T, p_0+\Delta p) = \mu_2(T_0+\Delta T, p_0+\Delta p)$．一方，下付添え字 m で単位物質量あたりの熱力学量を表すことにすると，式 (9.1.7) および式 (9.1.8) から $\mu(T_0+\Delta T, p_0+\Delta p) \approx \mu(T_0, p_0) - S_m\Delta T + V_m\Delta p$．したがって $\Delta_{trs}S_m = S_{1m} - S_{2m}$ および $\Delta_{trs}V_m = V_{1m} - V_{2m}$ とすると，$\Delta p/\Delta T \approx \Delta_{trs}S_m/\Delta_{trs}V_m$．この関係で ΔT（と Δp）を小さくした極限を取った微分形を**クラペイロンの式**という．

*13 分子を周期的に並べるポテンシャルの強さを連続的に0にすれば量的違いに還元できるという考え方も存在し得る．

る*12．たとえば，気相の密度は液体のそれより必ず小さいので，必ず正（右上がり）である．これに対し，氷の密度は（液体の）水の密度より小さいため，傾きは負（右下がり）になっている（後出の図 10.8 参照）．

図 10.7 において気相と液相の相境界は，これら2相の区別が無くなる点である（気-液）臨界点 (C) (T_c, p_c) で終わっている（10.1 節）．これに対し，気相と固相や液相と固相の間には臨界点は存在しないと考えられている．これは，気相と液相が密度という物理量の差で区別される（**量的**に異なる）のに対し，結晶には気体・液体には無い周期性という（量では表せない）新しい性質がある（**質的**に異なる）という違いがあるためである*13．

図 10.7 において，3本の相境界は T と書かれた点 (T_T, p_T) で交わっている．この点を**三重点**といい，物質に固有である．三重点では3相が共存することができる．水の（気相，液相，固相が共存する）三重点は，かつて温度の SI 単位ケルビンを定めるのに利用されていた．なお，純物質の相図上に4相以上が共存する状態（四重点）は存在しないことが熱力学によって示される．

■相図と相挙動

相図から，温度や圧力が変化した場合にどのように相が変化するかを読み取ることができる．この場合，注目すべきは三重点 (T_T, p_T) と臨界点 (T_c, p_c) の位置である．

はじめに温度の変化による変化を考える．図 10.7 で圧力一定における温度変化は水平線で表される．このため，水平線を指定する圧力 p が，$p < p_T$，$p_T < p < p_c$，$p_c < p$ のどの領域にあるかによって，どのように相変化が起こるか（相挙動）が異なることになる．$p < p_T$ の場合，温度変化で現れるのは気体と固体に限られる．一方，$p_c < p$ の場合は流体（10.1 節）と固体に限られる．気体，液体，固体の3相が得られるのは $p_T < p < p_c$ の領域に限られることがわかる．

常圧で氷を加熱すると，氷（固体）－ 水（液体）－ 水蒸気（気体）と相変化する．したがって，常圧（約 10^5 Pa）が水の三重点圧力より高く，また臨界点圧力より低い必要があることがわかる．実際，水の三重点の温度と圧力は (273.16 K, 611.7 Pa)，臨界点では (647.3 K, 22.12 MPa) である．

二酸化炭素の固体はドライアイスとして知られている．常圧ではドライアイスは液相を経ることなく**昇華**して気体になる．これは，ドライアイスの三重点が (216.58 K, 0.5185 MPa) と常圧より高圧側にあるため

である．臨界点は (304.2 K, 7.383 MPa) であるから，常温で 80 気圧程度に加圧すると液体が得られることになる．このため，二酸化炭素のガスボンベには，実際には液体が満たされているのであり，液体がすっかり気体になるまではガスを使ってもボンベ内の圧力は低下しない．燃料として利用されるプロパンも同様であり，常温では 10 気圧程度で液化する．ガスボンベの中は液体である．

一定の温度における圧力変化は図 10.7 の垂線で表される．この場合は，温度 T が $T < T_T$, $T_T < T < T_c$, $T_c < T$ のどの領域にあるかによって相挙動が異なる．ヘリウムの臨界点は (5.2014 K, 0.22746 MPa) なので，常温でいくら加圧しても液体にはならない．つまり常温のヘリウムは超臨界状態にある．このため，高圧ボンベの圧力は充填するにつれて滑らかに上昇する．

■ **多形と準安定相**

現実の物質の相図は図 10.7 ほど単純ではないことが多い．たとえば，最も身近な物質の一つである水の相図の一部を図 10.8 に示す．四重点が存在しないことを確認できる．常圧で実現する氷は I_h と表示されている．先に述べた通り，氷 I_h と液相の相境界は右下がりである．これまでに固相の水（氷）として少なくとも 12 種類が知られている．これら

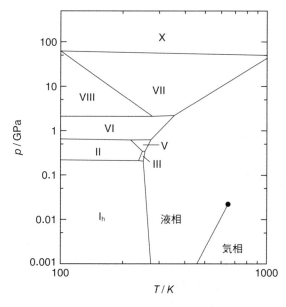

図 10.8 水の相図
I_h, II-X は異なる構造の固相（氷）．

144 | 10章 物質の三態

では結晶中の分子の整列様式が互いに異なっている．このように，化学的に同じ物質が異なる結晶構造をもつことを**多形現象**という．最も身近な水は，現代でも最先端の物質科学の対象である．

相図には通常，**安定相**のみを表示する．したがって，黒鉛（グラファイト）とダイヤモンドはなじみ深い炭素の同素体で多形の関係にあるが，常温，常圧付近の炭素の相図には黒鉛のみが描かれる[*14]．しかし，相境界の近くでは異なる相が相境界を越えて存在する場合がある．このように最安定でない相が存在しているとき，**準安定**であるといい，その相を**準安定相**という．ダイヤモンドは高温高圧では安定相であるが，常温常圧では準安定相である．温度変化において準安定相が関係する現象として**過冷却**や**突沸**がある．過冷却は，ゆっくりと液体を冷却すると融点以下に至るまで液体状態を保つことである．突沸は，過熱した準安定の液相が，突然，沸騰することである．化学実験では危険なので，突沸を防ぐために沸騰石を用いる．相境界からどれほど離れて準安定相が存在できるかは，物質や相に依存する．

*14 C_{60} などの籠状分子のそれぞれも炭素の同位体であることはいうまでもない．

■様々な凝集状態

ここまで説明してきた凝集体は，基本的に比較的簡単な分子の集合体が**平衡状態**で示すものである．分子が特別な性質をもてばそれに応じた興味深い凝集構造や現象を示す場合がある．いくつか代表的な例を挙げてみよう．

大きな分子量をもち，鎖状構造を基本とする**高分子**化合物は，通常，分子量（すなわち重合度）に分布をもっている．こうした高分子の結晶とはどんなものであろうか．分子を周期的に配列することはできなさそうである．また，結晶が存在するとして，その融解とはどんな変化で，融液はどんな状態と考えられるだろう．分子が絡み合うような現象（たとえば図 10.8b）が予想できるが，実際，物性へ大きな影響を与えることが知られている．

石鹸等の**界面活性剤**に代表される**両親媒性物質**は，分子内に親和性の異なる部分を併せもつ．たとえば，界面活性剤は親水基と疎水基からなる．溶媒への親和性の相違により様々な凝集構造をとる．界面活性剤では親水基を水相に向けた球状**ミセル**の形成がよく知られているが，実際には多種多様な高次構造を形成する．巨視的には相分離しているわけではないが，ミクロには親和性の高い「成分」が分離した構造となることから，**ミクロ相分離**による構造形成という考え方をすることが多い（コラム 4）．両親媒性物質は油分を可溶化して洗浄効果をもつなど，広範

な応用があるだけでなく，ナノテクノロジーとの関連においても多様な展開が模索されている．**生体膜**を形成する脂質も両親媒性物質であり，両親媒性物質-溶媒を対象とする物質科学は生物学との関連においても重要な位置を占めている．また，異なる高分子を単結合で連結したブロックコポリマーは，大きさこそ異なるものの両親媒性物質-溶媒と類似の高次構造をとることが知られている．

物質の大きさをどんどん小さくすると，内部にある分子の数に比べて表面（界面ともいう）に存在する分子の数が無視できなくなり特別な性質を示すようになる．そうした微粒子を液体に分散した**コロイド**を**ゾル**や**ゲル**という．ゾルは液体状のコロイドで，身近なものとしては牛乳がある．分散質が何らかの相互作用によりネットワークを形成して，コロイド全体が固体状になったものがゲルである．ゼリーや豆腐，寒天などが身近な例である．ネットワーク形成の原因となる相互作用の種類に応じて，化学ゲル（水素結合を含む化学結合によるネットワーク）と物理ゲル（分子の絡み合いなど化学結合を伴わないもの）に大別される．最近では，高分子鎖を環状分子で緩く架橋したトポロジカル・ゲルと呼ばれるようなものも開発され注目されている．架橋点の様子を図10.9に示す．トポロジカル・ゲル（図10・9c）は高分子鎖の可動性という点では物理ゲルと類似性が見られるが，高分子の端に大きな置換基を導入して環状分子の脱落を防ぐことにより，大変形に対する復元性などで物理ゲルとは大きく異なる性質をもつことが明らかになっている．トポロジカル・ゲルの合成には化学の知見が化学架橋の場合以上に活用されている．複数の分子の緩やかな相互作用を利用した**超分子化学**と呼ばれる化学研究の潮流の一つである．

ここで紹介した物質群はいずれも柔らかく，小さな力で大きく変形するという特徴をもつ．その柔らかさゆえに，変形が力に比例せず（力学

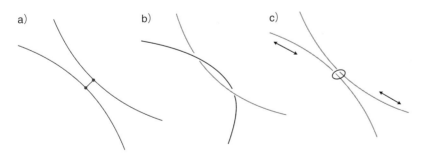

図10.9 高分子からなるゲルの架橋．
a) 化学架橋，b) 物理架橋（絡み合い），c) 環状分子による架橋．

*15 液体の構造が凍結したガラスは，固体に見えるが，結晶のような周期構造をもたない．**非晶質**ともいう．液晶のガラス柔粘性結晶のガラスなど様々なガラス状態が知られている．

的非線形性），変形を加える時間に依存した応答を与える（時間依存性）という点で，結晶性固体に比べ，物質科学の研究対象として困難も多い．時間に依存した応答という点では，**非平衡状態**が凍結した**ガラス**[*15]（ガラス状態）と共通点が多いため，ガラスも含め**ソフトマター**（あるいは**ソフトマテリアル**）と総称されるようになり，近年，活発な研究の対象となってきた．物質の多様性を追求する化学にとって魅力的な対象といえる．これらについては，未だ理解が確立していないものも多く，本書の範囲を超えている．興味がある読者は，各自，調べて自身の物質観を深めてほしい．

練 習 問 題

A. 実在気体の性質を記述する実用的状態方程式としてディーテリチの状態方程式（a と b はパラメータ）

$$p = \frac{nRT}{V - nb} \exp\left(-\frac{na}{RTV}\right)$$

がある．これを還元された変数で書き表し，図 10.2 と同じようにグラフにせよ．

B. 常圧で二酸化炭素が（液体を経ずに）昇華するのは相図のどのような特徴によるか説明せよ．

参 考 書

木原太郎，『分子間力』，岩波書店，1976 年．

戸田盛和，松田博嗣，樋渡保秋，和達三樹，『液体の構造と性質』，岩波書店，1976 年．

阿竹　徹，加藤　直，川路　均，齋藤一弥，横川晴美，『熱力学』，丸善，2001 年．

関　集三，『分子集合の世界』，ブレーンセンター，1996 年．

小澤丈夫，吉田博久 編，『最新 熱分析』，第 6 章，講談社サイエンティフィク，2005 年．

瀬戸秀紀，『ソフトマター』，米田出版，2012 年．

*16 結晶学の実践的教科書．

桜井敏雄，『X 線結晶解析の手引き』，裳華房，1983 年[*16]．

C. キッテル，『固体物理学入門 第 8 版（上・下）』（宇野・新関・山下・津屋・森田 訳），丸善，2005 年[*17]．

*17 固体物理学の代表的教科書．

Column・コラム・8
温室効果

地熱を無視すると，地球は太陽から受け取ったエネルギーと同じだけのエネルギーを宇宙空間に放出するときエネルギー収支が均衡する．温度によって物体が発する熱放射は決まっているので（4.2節），太陽から受け取るエネルギーを元に，均衡する地表の温度を計算することができる．単純な計算を行うと，その温度は現実の地球の平均表面温度よりも 30 K 以上も低くなるという．この差をもたらしているのがいわゆる大気の**温室効果**[†1] である．ここでは，大気が地球を温める効果のうち，太陽の放射に対して透明で，地表の放射に対して不透明な大気が，熱エネルギーをため込むことのみを議論する[†2]．

太陽からの放射は，太陽表面の温度（約 6000 K）で決まる熱放射が主で，可視光が最も強い．地表の様々な物質が可視光を吸収して熱エネルギーに変えてしまうと，地球表面が発する光は，地表温度（約 300 K）で決まった熱放射になる．この熱放射は赤外線が最も強い．したがって，可視光を吸収しないにもかかわらず赤外線を吸収する物質が，ここで考えている温室効果として大きな意味をもつ（図 C8.1）．

化学結合した原子の振動がちょうど赤外線領域の振動数にある．したがって，大気中の多原子分子の全てが温室効果をもつ可能性がありそうである．ところが，大気の大部分を占める N_2 や O_2 のような等核二原子分子は，分子構造の対称性から，赤外線を吸収することも放射することもできない．これは原子間距離の伸縮という方法でしか振動できないためである．このため，これらは，上記の機構を考える限りにおいて温室効果をもたない[†3]．

一方，しばしば問題にされる CO_2 は[†4]，4種類の振動が可能で，このうち3種類の振動は赤

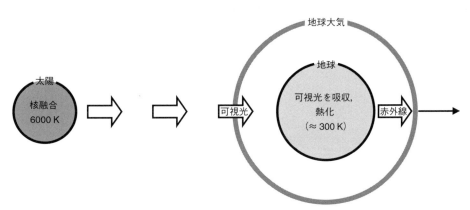

図 C8.1 温室効果の仕組み

[†1] ビニールハウスの温室が暖かいのは，この温室効果とは原理が異なると考える方がよい．

[†2] 実際の大気の効果としては，熱容量に寄与する場合や相変化による熱エネルギー（潜熱）による蓄熱という効果がある．水の場合には，雲による太陽光の反射による地表に達する放射量の変化や，地表の氷・雪による反射による地表での吸収量の変化など，効果は複雑である．

[†3] 地表に衝突して熱エネルギーを獲得する形でエネルギーをため込む効果はもちろんある．これは地表の固体が熱をため込むのと同じ熱容量による効果である．

[†4] 原子数が3なので自由度の総数（8.1節）は $3 \times 3 = 9$．このうち並進自由度が3，回転自由度が2なので分子内振動の自由度は $9 - 3 - 2 = 4$．

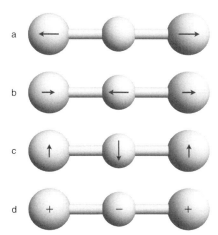

図 C8.2 CO₂ 分子の分子内振動
a は赤外線を吸収・放出しないが，b-d は赤外線を吸収・放出する（c と d は振動方向が異なるのみ）．

外線を吸収・放出でき，残りの 1 種類は赤外線を吸収・放出できない（図 C8.2）．赤外線として吸収されたエネルギーは他の振動にも分配されるので，赤外線を放出できない振動にため込まれる．このため，大きな温室効果をもつこととなる．対称的な形の分子には同様の事情があり，同じ量の分子が存在した場合に起こる温室効果の大きさを表す**地球温暖化係数**は，CO_2 を 1 として CH_4 で 21，SF_6 で 23900 など非常に大きくなる．分子構造が与えられたとき，どのような振動が可能で，どのような特性（赤外線吸収の可否）をもつかを分類するだけなら数学の一分野である群論で可能だが，実際の振動数や吸収の強さを議論するには分子分光学が必要になる．地球温暖化係数は化学が決めているといえる．

地球を理解するという知的興味に立脚しても，さらに環境を維持し，人類社会の発展を支えるという実学的な意味でも，環境を物質が形づくっている以上，環境科学における化学の重要性はいくら強調してもしすぎではない．「河川・湖沼の水質調査」のような環境化学的な研究だけでなく，基礎的な研究も環境科学にとって非常に重要である．

付録A 質点系の力学

■準備

　大きさをもたず質量だけをもつ仮想的物体を**質点**という．質点は硬い小球を理想化したものと考えてよい．運動を考える限り質点の属性は基本的には（慣性）**質量**（m）のみであり，質点の運動は**位置**（$\bm{r} = (r_x, r_y, r_z)$）の時間（t）依存性として記述できる．位置は3次元空間のベクトルであり，大きさと方向をもつ[*1]．同じ時刻に同じ位置にある二つの質点が異なる運動を行うことは可能であるから，t と $\bm{r}$ だけでは運動を記述できない．そこで t の関数として**速度 $\bm{v}$** を指定しておく必要がある．速度もベクトルである．速度と位置は時間微分

$$\bm{v} = \frac{\mathrm{d}\bm{r}}{\mathrm{d}t} = \left(\frac{\mathrm{d}r_x}{\mathrm{d}t}, \frac{\mathrm{d}r_y}{\mathrm{d}t}, \frac{\mathrm{d}r_z}{\mathrm{d}t} \right) \tag{A.1}$$

により結びついている[*2]．速度の時間あたりの変化量

$$\bm{a} = \frac{\mathrm{d}\bm{v}}{\mathrm{d}t} = \left(\frac{\mathrm{d}v_x}{\mathrm{d}t}, \frac{\mathrm{d}v_y}{\mathrm{d}t}, \frac{\mathrm{d}v_z}{\mathrm{d}t} \right) = \frac{\mathrm{d}^2\bm{r}}{\mathrm{d}t^2} = \left(\frac{\mathrm{d}^2 r_x}{\mathrm{d}t^2}, \frac{\mathrm{d}^2 r_y}{\mathrm{d}t^2}, \frac{\mathrm{d}^2 r_z}{\mathrm{d}t^2} \right) \tag{A.2}$$

を**加速度**という．加速度もまたベクトルである．

[*1] ただし，原点のとり方に任意性がある．

[*2] ベクトルの微分は，ベクトルの各成分の微分を成分とするベクトルになる．

■運動の法則と運動量

　外力によって質点に運動を与え，また，運動の様子を変化させることができる．経験によれば**力**（$\bm{F}$）に比例して加速度が生じる．このとき質量が大きいほど運動の様子は変化しにくい．運動の様子が変化しにくいことを**慣性**という．経験事実を式で書くと

$$\bm{F} = m\bm{a} \tag{A.3}$$

である．これを**運動の法則**という．式 (A.3) を**運動方程式**ともいう．力もベクトルである．

　運動の法則は力が働かなければ，質点の速度は変化しないことを表している．すなわち，力が働かなければ質点は等速直線運動をする．このとき，$m\bm{v}$ は一定である（**保存する**）．$m\bm{v}$ を**運動量**という．ここで速度（v）ではなくわざわざ運動量に注目するのは，この運動量は，後に示す

通り複数の質点が互いに相互作用しても保存するからである．運動量を使うと，運動の法則 [式 (A.3)] は

$$\boldsymbol{F} = \frac{\mathrm{d}\boldsymbol{p}}{\mathrm{d}t} \tag{A.4}$$

とも表せる．

　質点の場合は大きさがないため考える必要がないが，一般には，力はどこに作用しているか（**作用点**はどこか）によって物体の運動に異なる影響を及ぼす．

■仕事とエネルギー

　力（$\boldsymbol{F}$）と移動量（$\boldsymbol{l}$）をかけた量を**仕事**（W）という．力が移動の間一定なら

$$W = \boldsymbol{F} \cdot \boldsymbol{l} \tag{A.5}$$

である．

　式 (A.3) の両辺に速度 $\boldsymbol{v}$ をかけて**内積**をとると

$$\boldsymbol{v} \cdot \boldsymbol{F} = m\boldsymbol{v} \cdot \boldsymbol{a} \tag{A.6}$$

である．$\boldsymbol{F}$ が時間によらないという条件で，これを時刻 t_1 から t_2 まで積分する．ただし，このとき移動量が $\boldsymbol{l}$ であるとする．

$$\frac{\mathrm{d}}{\mathrm{d}t}\boldsymbol{v}^2 = 2\boldsymbol{v} \cdot \frac{\mathrm{d}}{\mathrm{d}t}\boldsymbol{v} = 2\boldsymbol{v} \cdot \boldsymbol{a} \tag{A.7}$$

であることに注意すると

$$W = \boldsymbol{F} \cdot \boldsymbol{l} = \left[\frac{1}{2}mv^2\right]_{t_1}^{t_2} = \frac{1}{2}m[v(t_2)]^2 - \frac{1}{2}m[v(t_1)]^2 \tag{A.8}$$

となる．時刻の関数 $\boldsymbol{l}(t)$ および $W(t)$ を考えると

$$\frac{1}{2}mv(t)^2 + W(t) = \frac{1}{2}mv(t)^2 + \boldsymbol{F} \cdot \boldsymbol{l}(t) \tag{A.9}$$

が時間によらず一定にとどまることを意味する．この量を**エネルギー**という．また $mv^2/2$ を質点の**運動エネルギー**という．さらに，この場合，W は**ポテンシャルエネルギー（位置エネルギー）**になっている．一般に，外部から力を受けていない系（**孤立系**）では運動エネルギーは保存する．

■ポテンシャル

　質点に働く力 $\boldsymbol{F}$ が時間によらず位置だけの関数であって，ある関数 $U = U(\boldsymbol{r})$ の偏微分（付録 B）により

$$\boldsymbol{F} = -\left(\frac{\partial U}{\partial r_x}, \frac{\partial U}{\partial r_y}, \frac{\partial U}{\partial r_z}\right) = -\frac{\partial U}{\partial \boldsymbol{r}} = -\nabla U \tag{A.10}$$

と表すことができるとき，U の値の変化速度は

$$\frac{\mathrm{d}U}{\mathrm{d}t} = \frac{\mathrm{d}\boldsymbol{r}}{\mathrm{d}t} \cdot \frac{\partial U}{\partial \boldsymbol{r}} = -\boldsymbol{v} \cdot \boldsymbol{F} \tag{A.11}$$

である．したがって，式 (A.6) を使うと

$$\frac{\mathrm{d}}{\mathrm{d}t}\left(\frac{1}{2}mv^2\right) + \frac{\mathrm{d}U}{\mathrm{d}t} = \frac{\mathrm{d}}{\mathrm{d}t}\left(\frac{1}{2}mv^2 + U\right) = 0 \tag{A.12}$$

となり，運動エネルギーと U の和は時間変化しない．このような関数 U を**ポテンシャル**という．U はその時刻におけるポテンシャルエネルギーになっていて，式 (A.12) は（力学的）**エネルギーの保存**を表している．

代表的なポテンシャルとして重力ポテンシャルや電気的なポテンシャル（静電ポテンシャル）がある．ポテンシャルの源が原点にある場合，これらはいずれも

$$U(\boldsymbol{r}) = -\frac{A}{r} \tag{A.13}$$

という形をもつ．ここで r は $\boldsymbol{r}$ の絶対値である．この場合，位置 $\boldsymbol{r}$ における力は

$$\boldsymbol{F}(\boldsymbol{r}) = -\nabla U(\boldsymbol{r}) = -\frac{A}{r^2}\nabla r = -\frac{A}{r^3}\boldsymbol{r} \tag{A.14}$$

となり，常に位置ベクトルと平行な力を与える．これを**中心力**という．

■角運動量

もう一つの保存則を得るために，運動方程式 (A.4) の両辺について $\boldsymbol{r}$ とのベクトル積（**外積**）を作り[*3]，時間について積分する．

$$\int_{t_1}^{t_2} \boldsymbol{r} \times \boldsymbol{F}\,\mathrm{d}t = \int_{t_1}^{t_2} \boldsymbol{r} \times \frac{\mathrm{d}\boldsymbol{p}}{\mathrm{d}t}\,\mathrm{d}t \tag{A.15}$$

である．右辺を部分積分すると

$$\int_{t_1}^{t_2} \boldsymbol{r} \times \frac{\mathrm{d}\boldsymbol{p}}{\mathrm{d}t}\,\mathrm{d}t = \boldsymbol{r} \times \boldsymbol{p} - \int_{t_1}^{t_2} \boldsymbol{v} \times \boldsymbol{p}\,\mathrm{d}t = \boldsymbol{r} \times \boldsymbol{p} - \int_{t_1}^{t_2} m\boldsymbol{v} \times \boldsymbol{v}\,\mathrm{d}t$$
$$= \boldsymbol{r} \times \boldsymbol{p} \tag{A.16}$$

となる[*4]．$\boldsymbol{r} \times \boldsymbol{p}$ を**角運動量**という．式 (A.15) の左辺が $\boldsymbol{0}$ であれば，角運動量は保存する．式 (A.15) の左辺が $\boldsymbol{0}$ になるのは力が働いていない場合と，力が常に位置ベクトルと平行な場合である．後者は重力や静電引力などの中心力が働いている場合に相当する．

■作用・反作用の法則

二つの質点 A と B が相互作用するとき，A は B から力（$\boldsymbol{F}_{A \leftarrow B}$）を受け，B は A から力（$\boldsymbol{F}_{B \leftarrow A}$）を受ける．経験によればこの二つの力は，

[*3] ベクトル積 $\boldsymbol{x} \times \boldsymbol{y}$ は，$\boldsymbol{x}$ と $\boldsymbol{y}$ の両方に垂直で，大きさ $|\boldsymbol{x}||\boldsymbol{y}|\sin\theta$（$\theta$ は $\boldsymbol{x}$ と $\boldsymbol{y}$ のなす角）のベクトル．ベクトルの向きは $\boldsymbol{x}$ から $\boldsymbol{y}$ が右ねじになる向き．

[*4] $\boldsymbol{v} \times \boldsymbol{v} = 0$

いつでも互いに逆向きで大きさは等しい.

$$F_{B \leftarrow A} = -F_{A \leftarrow B} \tag{A.17}$$

これを**作用・反作用の法則**という. これと式 (A.3) から

$$p_A + p_B = 0 \tag{A.18}$$

および

$$r_A \times p_A + r_B \times p_B = 0 \tag{A.19}$$

である. 内部で相互作用があっても, 外部から力が働かなければ全運動量や全角運動量が保存することを示している.

■二体系の運動方程式

互いに相互作用する二つの質点 A と B を考えると, 運動方程式は

$$F_{A \leftarrow B} = m_A a_A \quad \text{および} \quad F_{B \leftarrow A} = -F_{A \leftarrow B} = m_B a_B \tag{A.20}$$

となる. 二つの運動方程式の和は

$$0 = m_A a_A + m_B a_B \tag{A.21}$$

である. **重心（慣性中心）**を

$$R = \frac{m_A r_A + m_B r_B}{m_A + m_B} \tag{A.22}$$

で定義すると, 式 (A.21) は

$$0 = (m_A + m_B) \frac{\mathrm{d}^2 R}{\mathrm{d}t^2} \tag{A.23}$$

と変形できるから, 重心が等速直線運動をすることがわかる. これは質点がいくつあっても同じで, 作用・反作用の法則のため, 外力が働かなければ重心

$$R = \frac{\sum_i m_i r_i}{\sum_i m_i} \tag{A.24}$$

は常に等速直線運動をする.

一方, 式 (A.20) の二式をそれぞれ m_A と m_B で割ってから差をとると

$$\left(\frac{1}{m_A} + \frac{1}{m_B} \right) F_{A \leftarrow B} = a_A - a_B \tag{A.25}$$

である. **換算質量**を

$$\mu = \left(\frac{1}{m_A} + \frac{1}{m_B} \right)^{-1} = \frac{m_A m_B}{m_A + m_B} \tag{A.26}$$

で定義すると, 式 (A.25) は相対距離 $x = r_A - r_B$ を使って

$$F_{A \leftarrow B} = \mu \frac{\mathrm{d}^2 x}{\mathrm{d}t^2} \tag{A.27}$$

と変形できる. これは相対運動のみを記述する（一体の）運動方程式に

付録 A　質点系の力学 | 153

なっている．このように相対運動を分離できるのは二体系に特有な事情である．

■等速円運動

原点のまわりを xy 平面内 ($z = 0$) で質量 μ の質点が等速で半径 r の円運動をしているとすると[*5]，位置は $\boldsymbol{r} = (x, y)$ は

$$\boldsymbol{r} = (x, y) = (r \cos \omega t, r \sin \omega t) \tag{A.28}$$

とすることができる．ここで ω を**角速度**という．速度 $\boldsymbol{v}$ は

$$\boldsymbol{v} = \left(\frac{\mathrm{d}x}{\mathrm{d}t}, \frac{\mathrm{d}y}{\mathrm{d}t} \right) = (-r\omega \sin \omega t, r\omega \cos \omega t) \tag{A.29}$$

であるから，運動エネルギー K は

$$K = \frac{1}{2} \mu \boldsymbol{v}^2 = \frac{1}{2} \mu \boldsymbol{v} \cdot \boldsymbol{v} = \frac{1}{2} \mu r^2 \omega^2 [\sin^2(\omega t) + \cos^2(\omega t)] = \frac{1}{2} \mu r^2 \omega^2 \tag{A.30}$$

となる．加速度 $\boldsymbol{a}$ は

$$\boldsymbol{a} = \left(\frac{\mathrm{d}^2 x}{\mathrm{d}t^2}, \frac{\mathrm{d}^2 y}{\mathrm{d}t^2} \right) = (-r\omega^2 \cos \omega t, -r\omega^2 \sin \omega t) \tag{A.31}$$

となるので，式 (A.3) から質点には，常に中心に向かって

$$|\boldsymbol{F}| = \mu r \omega^2 \tag{A.32}$$

の力が働いていることがわかる．これを**向心力**という．糸におもりをつけて回したときには糸の張力がこれに相当する．一方，質点に注目すると見かけ上，中心から外向きに向心力と同じ大きさの力が働いて，距離 r を保っているように見える．この外向きの（見かけの）力を**遠心力**という．向心力と遠心力の大きさは，$r\omega = v$ であるから

$$|\boldsymbol{F}| = \mu \frac{v^2}{r} \tag{A.33}$$

と表すこともできる．

角運動量の大きさは $\boldsymbol{r}$ と $\boldsymbol{p}$ のなす角 θ を使って $mvr \sin \theta$ と表されるが，等速円運動では常に $\theta = \pi/2$ なので mvr になる．

重力ポテンシャルや静電ポテンシャルのように，ポテンシャルの値が中心からの距離の逆数に比例する系で，全エネルギーが負であれば，一般に，運動は楕円軌道となる．等速円運動はその特殊な場合に相当している．

[*5]　簡単のために xy 面を考え，2 次元のベクトルで表記している．以下で現れるすべてのベクトルで 0 となる z 成分が省略されていると考えてもよい．

付録 B 偏微分

　本文の計算に必要最小限のまとめを行う．記述は全く厳密でないので，数学の教科書でちゃんと勉強のこと．

■微分

　なめらかな1変数の関数を調べることを考える．x_1 と x_2 の区間における関数の変化率は

$$\frac{f(x_2) - f(x_1)}{x_2 - x_1} \tag{B.1}$$

で与えられる．x_1 と x_2 を近づければ，その間の点におけるグラフの勾配にだんだん近づく．その極限として，ある点 x での勾配は

$$\lim_{\Delta \to 0} \frac{f(x + \Delta) - f(x)}{\Delta} \tag{B.2}$$

で求められると考えられる．このようにして求めた x の関数としての各点での勾配を $f(x)$ の**導関数**といい

$$f'(x) \quad \text{あるいは} \quad \frac{\mathrm{d}f(x)}{\mathrm{d}x} \tag{B.3}$$

で表す．また，導関数を求める操作を**微分**（する）という．導関数の値はその点における接線の傾きを表している．初等的な関数（初等関数：べき，三角関数，指数関数，対数関数とこれらの組み合わせ）の微分は初等関数の範囲で必ず実行できる．

　導関数をさらに微分した関数を**高階導関数（高次導関数）**という．微分された導関数の変化の様子に関する情報をもっている．n 階導関数を

$$\frac{\mathrm{d}^n f(x)}{\mathrm{d}x^n} \tag{B.4}$$

と表す．

　導関数から元の関数を求める操作を不定**積分**（する）という．したがって

$$f(x) = \int f'(x)\,\mathrm{d}x \tag{B.5}$$

である．これに対し，定積分は導関数と x 軸の間の面積を x のある区

間（たとえば x_1 と x_2 の間，など）について求めることに相当する．このため，積分は求積法ともよばれる．微分とは対照的に，初等関数の積分といえども初等関数の範囲ではできないことが多い．

■関数の級数展開

導関数はその点における接線の勾配であるから，$f(x)$ は x_0 のすぐ近くでは

$$f(x_0 + \Delta) \approx f(x_0) + \left.\frac{\mathrm{d}f(x)}{\mathrm{d}x}\right|_{x=x_0} \Delta \qquad (\text{B.6})$$

のように近似できる[*1]（ただし Δ は十分小さい）．二階導関数は導関数の変化の様子を表しているから，これを使って二次関数

$$f(x_0 + \Delta) \approx f(x_0) + \left.\frac{\mathrm{d}f(x)}{\mathrm{d}x}\right|_{x=x_0} \Delta + \frac{1}{2!}\left.\frac{\mathrm{d}^2 f(x)}{\mathrm{d}x^2}\right|_{x=x_0} \Delta^2 \qquad (\text{B.7})$$

を作ると，x_0 からより遠いところまで近似できる．これをどんどん繰り返すと，より遠くまで表すことができる級数を作ることができる．

$$f(x_0 + \Delta) \approx f(x_0) + \sum_{n=1}^{\infty} \frac{1}{n!} \left.\frac{\mathrm{d}^n(x)}{\mathrm{d}x^n}\right|_{x=x_0} \Delta^n \qquad (\text{B.8})$$

これを（x_0 のまわりでの）テーラー展開という．ここで $n!$ は n の**階乗**であり，

$$n! = n(n-1)(n-2)\cdots 2\cdot 1 \qquad (\text{B.9})$$

である．

展開を行う x_0 として特別な値をとると，導関数の値が簡単な場合がある．たとえば関数として指数関数（e^x）を考え $x_0 = 0$ とすると，$(e^x)' = e^x$ であるから導関数の値は高次導関数を含め常に 1 である（$e^0 = 1$）．このことから，指数関数は

$$e^x = \exp(x) = 1 + \sum_{n=1}^{\infty} \frac{1}{n!} x^n \qquad (\text{B.10})$$

と展開できることがわかる．同じように考えると，$\cos x$ と $\sin x$ では

$$\cos x = 1 + \sum_{n=1}^{\infty} \frac{1}{(2n)!} (-1)^n x^{2n} \qquad (\text{B.11})$$

$$\sin x = \sum_{n=1}^{\infty} \frac{1}{(2n-1)!} (-1)^{n-1} x^{2n-1} \qquad (\text{B.12})$$

である．ここで，式 (B.10) の x に ix を代入すると（i は虚数単位）

$$e^{ix} = 1 + \sum_{n=1}^{\infty} \frac{1}{n!} (ix)^n$$

$$= 1 + \sum_{m=1}^{\infty} \frac{1}{(2m)!} (-1)^m x^{2m} + i \sum_{m=1}^{\infty} \frac{1}{(2m-1)!} (-1)^{m-1} x^{2m-1}$$

$$(\text{B.13})$$

[*1] $\left. A \right|_{x=x_0}$ は A の $x=x_0$ での値を表す．

となる．$\cos x$ と $\sin x$ の展開式と見比べると

$$e^{ix} = \exp(ix) = \cos x + i \sin x \tag{B.14}$$

であることがわかる．これを**オイラーの公式**という．

■**偏微分**

関数が複数の変数の関数の場合に，他の変数を固定してある変数について微分を行うことを**偏微分**（する）といい，得られた関数を**偏導関数**という．すなわち，$f(x_1, x_2, \cdots, x_n)$ に対し

$$\lim_{\Delta \to 0} \frac{f(x_1, \cdots, x_i + \Delta, \cdots, x_n) - f(x_1, \cdots, x_i, \cdots, x_n)}{\Delta} = \frac{\partial f}{\partial x_i}$$

$$\tag{B.15}$$

を x_i に関する偏導関数といい，右辺のように表記する．偏微分に関しても（普通は）積の微分，合成関数の微分など通常の演算ができる．

二変数（x と y）の関数を例にとると，x と y での偏導関数を使って (x_0, y_0) の近くで関数 $f(x, y)$ を近似することができる．これは，偏微分を用いて接平面を構成することに相当する．

$$f(x_0 + \Delta_x, y_0 + \Delta_y) \approx f(x_0, y_0) + \left.\frac{\mathrm{d}f}{\mathrm{d}x}\right|_{x=x_0} \Delta_x + \left.\frac{\mathrm{d}f}{\mathrm{d}y}\right|_{y=y_0} \Delta_y \tag{B.16}$$

これから，x と y が少し（$\mathrm{d}x$ と $\mathrm{d}y$）変化したことによる関数値の変化量が

$$\mathrm{d}f = \frac{\mathrm{d}f}{\mathrm{d}x}\mathrm{d}x + \frac{\mathrm{d}f}{\mathrm{d}y}\mathrm{d}y \tag{B.17}$$

と表されることがわかる．これを**全微分**という．

付録 C 極座標

■座標系

空間の中の点を表す方法は様々である．同じ点であっても方法によって異なる数値で表される．それぞれの方法を**座標系**という．最も単純なのは**直交座標（デカルト座標）**である．しかし，問題によっては空間に特別な点が存在し，そこからの距離が重要な場合や，空間に特別な方向が存在する場合がある．このような場合にはそれに応じた座標を使う方が便利なことも多い．一般に，前者には極座標，後者には円柱座標が適している．

■極座標

（水素）原子の構造のように，原子核という中心があって，そのまわりの電子の様子に興味があるときには，極座標も便利に用いられる．極座標では，原点からの距離 r と二つの偏角，θ と ϕ，で位置を表す．直交座標と極座標の関係は図 C.1 の通りである．

$$\begin{aligned} x &= r\sin\theta\cos\phi \\ y &= r\sin\theta\sin\phi \\ z &= r\cos\theta \end{aligned} \quad (C.1)$$

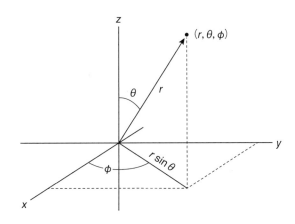

図 C.1　直交座標と極座標

であることは容易に確認できるであろう。ここで r の変域は 0 から ∞,θ は 0 から π,ϕ は 0 から 2π である.

■空間積分

空間積分を行う際に必要となる体積素片は

$$\mathrm{d}V = \mathrm{d}x\mathrm{d}y\mathrm{d}z = r^2 \sin\theta\, \mathrm{d}r\mathrm{d}\theta\mathrm{d}\phi \tag{C.2}$$

である.全空間について積分する際の積分範囲は各変数の変域である.球対称な関数 $f(r)$ を積分する際には角度での積分を先にしてしまうことができ,

$$
\begin{aligned}
\int_V f(r)\mathrm{d}V &= \int_0^\infty \mathrm{d}r \int_0^\pi \mathrm{d}\theta \int_0^{2\pi} \mathrm{d}\phi\, f(r) r^2 \sin\theta \\
&= \int_0^\infty 4\pi r^2 f(r)\mathrm{d}r
\end{aligned}
\tag{C.3}
$$

とできる.

■ラプラシアン

極座標で表示したラプラシアン（ラプラス演算子）は

$$
\begin{aligned}
\nabla^2 &= \frac{\partial^2}{\partial x^2} + \frac{\partial^2}{\partial y^2} + \frac{\partial^2}{\partial z^2} \\
&= \frac{1}{r^2}\frac{\partial}{\partial r}\left(r^2\frac{\partial}{\partial r}\right) + \frac{1}{r^2 \sin\theta}\frac{\partial}{\partial \theta}\left(\sin\theta\frac{\partial}{\partial \theta}\right) + \frac{1}{r^2 \sin^2\theta}\frac{\partial^2}{\partial \phi^2}
\end{aligned}
\tag{C.4}
$$

となる.微分操作の対象となる関数が r だけの関数（球対称な関数）なら,初項だけになる.

付録 D | ガウス積分など

■指数関数とxのべき（巾）

1s波動関数を規格化する際に次の形の定積分が必要である.

$$I_n = \int_0^\infty x^n \exp(-ax) \mathrm{d}x \tag{D.1}$$

ただし$a>0$とする. $x^n e^{-ax}$を微分すると

$$\frac{\mathrm{d}}{\mathrm{d}x} x^n e^{-ax} = nx^{n-1} e^{-ax} - ax^n e^{-ax} \tag{D.2}$$

両辺を入れ替えて, 0から∞で積分すると

$$n\int_0^\infty x^{n-1} e^{-ax} \mathrm{d}x - a\int_0^\infty x^n e^{-ax} \mathrm{d}x = \left[x^n e^{-ax} \right]_0^\infty = 0 \tag{D.3}$$

だから

$$I_n = \frac{n}{a} I_{n-1} = \frac{n!}{a^n} I_0 \tag{D.4}$$

である. I_0は

$$I_0 = \int_0^\infty \exp(-ax) \mathrm{d}x = \frac{1}{a} \tag{D.5}$$

だから, 結局

$$I_n = \frac{n!}{a^{n+1}} \tag{D.6}$$

となる.

■ガウス積分

次の定積分がしばしば必要になる.

$$I_\mathrm{G} = \int_0^\infty \exp(-ax^2) \mathrm{d}x \tag{D.7}$$

これを**ガウス積分**という. 被積分関数は偶関数だから積分範囲を$-\infty$から∞にすると定積分は二倍になる. さらに積分変数をyにした同じ積分を掛け合わせる.

$$4I_\mathrm{G}^2 = \int_{-\infty}^\infty \exp(-ax^2) \mathrm{d}x \int_{-\infty}^\infty \exp(-ay^2) \mathrm{d}y \tag{D.8}$$

$$= \int_{-\infty}^{\infty} \mathrm{d}x \int_{-\infty}^{\infty} \mathrm{d}y \, \exp[-a(x^2 + y^2)] \tag{D.9}$$

これは $\exp[-a(x^2 + y^2)]$ という関数を xy 平面上の全領域で積分したことになっている。二次元の極座標を使うと

$$
\begin{aligned}
x &= r \cos \theta \\
y &= r \sin \theta
\end{aligned} \tag{D.10}
$$

また

$$\mathrm{d}x\mathrm{d}y = r \, \mathrm{d}r\mathrm{d}\theta \tag{D.11}$$

だから

$$
\begin{aligned}
4I_{\mathrm{G}}^2 &= \int_0^{\infty} \mathrm{d}r \int_0^{2\pi} \mathrm{d}\theta \, \exp(-ar^2) r \\
&= 2\pi \int_0^{\infty} \mathrm{d}r\, r \exp(-ar^2)
\end{aligned} \tag{D.12}
$$

とできる。ここで $z = r^2$ とすると，$\mathrm{d}z = 2r\,\mathrm{d}r$ なので

$$4I_{\mathrm{G}}^2 = \pi \int_0^{\infty} \mathrm{d}z \, \exp(-az) = \pi I_0 = \frac{\pi}{a} \tag{D.13}$$

したがって

$$I_{\mathrm{G}} = \int_0^{\infty} \exp(-ax^2)\mathrm{d}x = \frac{1}{2}\sqrt{\frac{\pi}{a}} \tag{D.14}$$

である。

■関連する定積分

マクスウェル–ボルツマンの速度分布式から平均エネルギーなどを計算するには次の積分が必要である。

$$J_n = \int_0^{\infty} x^{2n} \exp(-ax^2)\mathrm{d}x \tag{D.15}$$

ただし $a > 0$ とする。$x^{2n+1} \exp(-ax^2)$ を微分すると

$$\frac{\mathrm{d}}{\mathrm{d}x} x^{2n+1} \exp(-ax^2) = (2n + 1)x^{2n} \exp(-ax^2) - 2ax^{2n+2} \exp(-ax^2) \tag{D.16}$$

両辺を入れ替えて 0 から ∞ で積分すると

$$(2n + 1)J_n - 2aJ_{n+1} = \left[x^{2n+1} \exp(-ax^2)\right]_0^{\infty} = 0 \tag{D.17}$$

より

$$J_n = \frac{2n - 1}{2a} J_{n-1} = \frac{(2n - 1)!!}{(2a)^n} J_0 \tag{D.18}$$

ただし，$(2n-1)!! = (2n-1) \cdot (2n-3) \cdot \cdots \cdot 3 \cdot 1$ である。J_0 はガウス積分だから

$$J_n = \frac{(2n - 1)!!}{2^{n+1}} \sqrt{\frac{\pi}{a^{2n+1}}} \tag{D.19}$$

となる.

x のべき指数が奇数の場合,

$$K_n = \int_0^\infty x^{2n-1} \exp(-ax^2)\,\mathrm{d}x \tag{D.20}$$

について,$x^2 = t$ とすると $2x\,\mathrm{d}x = \mathrm{d}t$ であるから

$$K_n = \frac{1}{2}\int_0^\infty t^{n-1}\exp(-at)\,\mathrm{d}t = \frac{1}{2}I_{n-1} \tag{D.21}$$

として計算できる.いうまでもないが,偶数の場合と同様に $x^{2n}\exp(-ax^2)$ を微分して漸化式を作ってもよい.

索　引

アルファベットなど

1s　61, 63, 64
2s　62, 63, 64
2p　66
$2p_x$　66
$2p_y$　66
$2p_z$　65
BZ 反応　128
C_{60}　14, 26, 140, 144
d 波動関数　68
EC 壊変　32, 33
HOMO　92
IUPAC　12
^{40}K　37
LUMO　92
MeV　28
n 回対称性　138
p 波動関数　68
SI　18
SI 接頭辞　21
SI 単位　18
X 線　136
α 壊変　32
α 線　33
β 壊変　30
β^+ 壊変　32
β^- 壊変　32
β 線　33
γ 壊変　32
γ 線　33
π 軌道　93
π 結合　93
π 電子　86, 93, 95, 96
σ 軌道　93
σ 結合　93
σ 電子　93

ア

IUPAC　12
アインシュタインの関係
　28
圧力　99

アボガドロ定数　18, 20,
　102
アボガドロの仮説　44
α 壊変　32
α 線　33
アレニウス・プロット
　113
安定相　144
アンペア　19

イ

EC 壊変　32, 33
イオン化エネルギー　66,
　79
イオン化ポテンシャル
　66, 79
イオン半径　69
医学　2
異核二原子分子　69
位置　149
1s　61, 63, 64
位置エネルギー　150
一次元の箱　85
一次相転移　122
一次反応　33
異方性　140
引力　130, 137

ウ

ウィーンの式　45, 46
宇宙線　34
運動エネルギー　101, 150
運動の法則　41, 149
運動方程式　149
運動量　41, 149

エ

液化　132
液晶　140
液相　139, 141
液体　132, 133, 135, 137,
　141
SI　18

SI 接頭辞　21
SI 単位　18
X 線　136
n 回対称性　138
エネルギー　41, 150
エネルギー等分配則　103
エネルギーの保存　151
エネルギーの保存則　41,
　119
エレクトロン　59
円運動　51
演算子　56
遠心力　153
エンタルピー　120
エントロピー　102, 103,
　105, 119, 121, 127, 140
エントロピー最大の原理
　121

オ

オイラーの公式　57, 156
応用科学　2
オービタル　61
温室効果　147
温度　18, 20, 102, 107
　熱力学——　119

カ

改竄　5
階乗　155
外積　41, 151
回折　42, 43, 55, 136
外挿　46
階層性　5
回転　103
壊変　32
壊変系列　34
界面　71
界面化学　11
界面活性剤　82, 144
ガウス積分　107, 159
化学　7
化学結合　87, 96

化学ゲル　145
化学史　2
科学史　40
化学情報　12
化学情報学　11
化学的多様性　27, 36
科学哲学　1
化学熱力学　10, 115
化学反応　112, 115
化学反応論　10
化学平衡　126, 128
化学ポテンシャル　123
科学リテラシー　4
化学量論（係）数　112
角運動量　41, 52, 67, 151
核化学　10
拡散　111
核子　28
角振動数　42
角速度　153
角度　21
確度　23
核反応　28
重ね合わせの原理　42,
　56, 58
可視光　43
加成性　95
加速度　149
学会　12
活性化エネルギー　113
ガラス　146
カリウム 40 (^{40}K)　37
過冷却　144
環境化学　8, 9
環境科学　148
換算質量　53, 59, 152
換算変数　134
干渉　42
慣性　149
慣性中心　152
完全気体　102
完全弾性衝突　99
完全な熱力学関数　122

索引 | 163

カンデラ 20
観念論 1
γ 壊変 32
γ 線 33

キ

規格化 62, 104
擬似科学 4
気相 139, 141
基礎科学 1
気体 99, 132, 133, 141
気体定数 46, 101
気体分子運動論 44
基底状態 75, 77, 78
軌道 61
軌道角運動量 67
軌道量子数 67
ギブズエネルギー 121, 122
基本単位 18
級数展開 155
求積法 155
球対称 60
吸熱反応 120
キュバン 26
境界条件 85
境界領域 8
凝集相 130
凝縮 132
共有結合 90
共有結合半径 69, 94
行列 13
行列式 14
極座標 60, 62, 157
極小曲面 71
極性分子 96, 131
巨視的 99
キログラム 19
キログラム原器 19

ク

偶然誤差 22
偶然縮重 75
空洞輻射 45
クーロン 19
クォーク 6
屈折 42
屈折率 43
組立単位 21

グラフェン 26
グラフ理論 14
クラペイロンの式 142
グループモーメント 96
群論 92, 148

ケ

^{40}K 37
系 41, 118
計算化学 138
計算機実験 137
系統誤差 22, 23
ケクレ構造 14
結果 79
結合エネルギー 28
結合次数 91
結合性軌道 90
結晶 137
結晶化 137
結晶学 137
ケミカル・アブストラクツ
　（ケミアブ）12
ゲル 145
ケルビン 20, 142
原因 79
研究不正 5
原子 10
原子核 10
原子仮説 3
原子炉 34
原子論 44
元素仮説 2
元素合成 29
元素組成
　太陽系の―― 31
　地球の―― 31, 32

コ

高階導関数 154
工学 2
光子 49
格子 137
格子点 137
高次導関数 154
向心力 153
恒星 28, 30
合成化学 8, 9, 10
構成原理 75
酵素 36

構造化学 10
光速 43
光速度 18
剛体 103
光電効果 46
光度 18, 20
恒等的 84
高分子 71, 144
高分子化学 11
光量子 47, 48
国際温度目盛 20
国際単位系（SI）18
黒体輻射（放射）45
誤差 22
固相 139, 141
固体 141
固体物理学 137
古典電磁気学 39
古典物理学 40
古典力学 39
孤立系 118, 150
コロイド 145
コロイド化学 11
根二乗平均速度（速さ）
　102, 109
コンプトン散乱 47

サ

最外殻 79
最確値 22
再現性 23, 25
最高被占軌道 92
最小二乗法 22
最低空軌道 92
最尤分布 105
材料科学 9
材料化学 9
サイン波 56
座標系 157
作用点 150
作用・反作用の法則 151
残差 22
三重点 142

シ

シーベルト 36
C_{60} 14, 26, 140, 144
磁荷 43
紫外線 43

時間 18, 19
閾値 46
示強性 119
磁気量子数 68
σ 軌道 93
σ 結合 93
σ 電子 93
仕事 150
仕事関数 47
自己無撞着 73
脂質 82, 145
始状態 119
自然科学 1
自然な変数 122
自然の階層構造 7
自然の階層性 5, 7, 29
磁束密度 43
質的 142
質点 99, 103, 149
実用科学 2
質量 18, 19, 149
質量欠損 28
質量作用の法則 127
磁場 43
自発的核分裂 32
自発的過程 103
遮蔽 75
周期 42
周期性 137
周期表 10, 78
重元素 30
終状態 119
重心 152
充填パラメータ 82
自由度 50, 103
柔粘性結晶 140
重力波 43
縮重 65, 77
縮退 65
主量子数 66
シュレーディンガー方程式
　58
準安定 144
準安定相 144
準結晶 138
純粋科学 2
昇華 142
蒸気圧 141
詳細釣り合いの原理 115

索　引

状態関数　119, 120
状態方程式　99, 101
　　ファン・デル・ワールス
　　の――　132, 134
蒸発　139
触媒　114
触媒化学　9, 10
示量性　119
進行波　42
真値　22
振動数　42
振動反応　128

ス

水素結合　132
水素原子　51, 59, 67
水素分子　83, 87
酔歩　111
数学　7
数値　16, 17
スカラー　41
スピン　76
スピン量子数　76
スペクトル　43

セ

正弦波　42, 56
生成系　112
生体膜　82, 145
精度　23, 25
生物化学　8, 11, 36
生物学　7
生命　36, 128
赤外線　43
積分　154
斥力　131, 137
節　63, 66, 90
石鹸膜　71
摂氏温度　20
絶対零度　102
接頭辞　21
セルフ・コンシステント
　73
線形代数　14, 92
潜熱　122
全微分　156

ソ

相　124, 139

相境界　141
双極子　131
相図　141
相対運動　152
相対性理論　40
相転移　122, 139
相分離　71
測定値　22
速度　149
組成　122
素反応　112, 115
ソフトマター　146
ソフトマテリアル　146
素粒子　6
ゾル　145

タ

対応状態の原理　134
対称性　92
大数の法則　105
体積素片　158
多形　144
多成分系　122
多面体公式　26
多面体定理　26
多様性　7
単位　15, 16, 17
短距離秩序　136
単色光　43, 44, 56
単体仮説　2

チ

力　149
地球温暖化係数　148
地球化学　8, 9
中間相　140
中心力　41, 151
中性子星　30
中性子線　136
中性子捕獲　30
長距離秩序　137
超新星爆発　30
超分子化学　145
超流動　76
超臨界状態　133
直交座標　157

ツ

対消滅　32

テ

定圧熱容量　120
d 波動関数　68
定在波　42, 54
定常状態　118
定性的　24
定積熱容量　120
定積分　154
定比例の法則　44
定容熱容量　120
定量的　24
デカルト座標　157
デジタル表示　25
テトラヘドラン　26
デバイ　95
デュロン-プティの法則
　49, 103
電荷　43
電気陰性度　80, 97
電気双極子モーメント
　95, 97
電気素量　18
電気変位　43
電気量　19
電子　59
電子殻　77
電子間反発　75
電子親和力　79, 80
電子線回折　138
電子対　77
電磁波　43
電子配置　75, 76, 78
電子捕獲壊変　32
電束密度　43
天然物化学　8
電場　43
電流　18, 19

ト

等核二原子分子　69, 147
導関数　154
同期　129
統計学　22, 105
動径分布関数　136
統計力学　3, 10, 20, 40,
　47, 73, 102, 103, 105, 117
等速円運動　153
等方性　140

等方性液体　140
盗用　5
突沸　144
ド・ブロイ波　54
ド・ブロイ波長　54
トポロジカル・ゲル　145
ドライアイス　142

ナ

内積　150
内挿　46
内部エネルギー　119
長さ　18, 19
ナノサイエンス　7
ナノチューブ　26
ナノテクノロジー
　（ナノテク）　7
ナブラ　56
波　42

ニ

2s　62, 63, 64
2p　66
$2p_x$　66
$2p_y$　66
$2p_z$　65
二酸化炭素　142
二次反応　114
ニセ科学　4
ニホニウム　35
日本化学会　12

ネ

捏造　5
熱容量　49, 105
　――の古典値　49
熱力学　20, 39, 102, 105,
　117
　――温度　20, 119
　――第一法則　41, 119
　――第二法則　103,
　119, 121
　――第三法則　49, 119,
　121
　――第零法則　119
熱励起　109
燃焼熱　94

索引 165

ノ

農学　2

ハ

場合の数　106
ハートリー　53
ハートリー方程式　73
ハーバー・ボッシュ法　5
π軌道　93
π結合　93
π電子　86, 93, 95, 96
排除体積相互作用　131
パウリの原理（排他律）　76, 131
博物学　7, 12
波長　42
発光スペクトル　44
パッシェン系列　45
発熱反応　121
波動　42
波動関数　57, 94
　——の確率解釈　62
波動性　47
波動方程式　55, 57, 59, 85
ハミルトニアン　58
ハミルトニアン演算子　58
バルマー系列　45
反結合性軌道　90
半減期　33
反応エンタルピー　120
反応機構　115
反応系　112
反応座標　112
反応速度　113
反応速度式　129
反応速度定数　113
反応熱　120
反物質　32
反粒子　32

ヒ

BZ反応　128
p波動関数　68
光の二重性　47
非局在電子　95
微視的状態　127
非晶質　146
ビッグバン　27

微分　154
微分幾何学　71
非平衡状態　146
ヒュッケル法　14
秒　19
標準偏差　22
剽窃　5
表面エネルギー　71
表面化学　11
表面張力　71

フ

ファン・デル・ワールス引力　130
ファン・デル・ワールスの状態方程式　132, 134
ファン・デル・ワールス半径　68, 131
フェルミ粒子　76
副殻　78
不対電子　77
物質観　8, 27
物質進化　35, 37
物質の三態　139
物質波　54, 57, 62
物質量　18, 20
物性　8
物性化学　11
物理化学　9
物理学　7
物理ゲル　145
物理量　15, 16, 17
部分イオン性　97
部分モル量　123
普遍性　7
普遍定数　48
普遍的　7
フラーレン　26
ブラウン運動　44
フラウンホーファー線　31
ブラケット系列　45
プラズマ　27
ブラックホール　30
プランク定数　18, 19, 46
プランクの式　46
ブロックコポリマー　71, 145
プロトン　59
分圧　125

——の法則　125
分解能　25
分極率　130
分散力　130
分子間相互作用　130
分子機械　36
分子軌道　91, 94
分子生物学　7
分子分光学　10, 35, 148
分析化学　8
フントの規則　76
分布　103
分布関数　104, 105

ヘ

平均　22, 100, 101
平均自由行程　110
平均自由時間　110
平均寿命　33
平均場近似　73
平衡状態　118, 128, 144
平衡定数　127
並進　103
平面角　21
β壊変　30
β⁺壊変　32
β⁻壊変　32
β線　33
ベクトル　41
ベクトル積　151
ベクレル　35
ベシクル　82
ヘスの法則　121
ベルヌーイの式　101
ベロウソフ-ジャボチンスキー反応　129
偏導関数　156
偏微分　60, 64, 156

ホ

ボイル-シャルルの法則　101
方位量子数　67
放射化学　10
放射化分析　35
放射性核種　32
放射性物質　33
放射線　33, 36
放射線障害　36

放射能　33
飽和蒸気圧　132
ボーアの量子仮説　52, 54
ボーア半径　52, 61, 64, 68
ボーア模型　52, 58, 61, 62
ボーズ粒子　76
補外　46
補間　46
保存（する）　149
保存量　41, 121
ポテンシャル　151
ポテンシャルエネルギー　150
HOMO　92
ボルツマン定数　18, 20, 46, 102
ボルツマンの原理　127
ボルツマン分布　103, 108
ボルン-オッペンハイマー近似　73, 87

マ

マクスウェル方程式　43
マクスウェル-ボルツマンの速度分布式　108, 160
魔法数　30

ミ

ミクロ相分離　144
水　98, 132, 141, 143
ミセル　144

ム

無極性分子　96
無次元量　16
結び目
　DNAの——　38
結び目理論　38
無秩序度　102

メ

メートル　19
メートル原器　19
MeV（メガエレクトロンボルト）　28

モ

モル　20
モル分率　125

ヤ

薬学　2

ユ

唯物論　1
融解　139, 140
有極性分子　96, 131
有効数字　24
誘電率　97

ヨ

陽子　59
陽電子　32

ラ

ライマン系列　45
ラザフォードの実験　50
ラジカル　77
ラプラシアン　56, 60, 158
ラプラス演算子　56, 158
ランダムウォーク　111

リ

理学　2
力学　41
離散性　87
離散的　45

リズム　128
理想気体　99, 101
理想混合気体　125
理想溶液　125, 126
律速反応　114
粒子性　47
流体　133
リュードベリ定数　44, 53
量子化　50
量子化学　10, 88
量子数　66, 74
量子力学　3, 10, 39, 58, 89
両親媒性　82
両親媒性物質　144

量的　142
臨界点　133, 142

ル

LUMO　92

レ

励起　77
励起状態　77
零点エネルギー　87
レイリー－ジーンズの式
　45, 46
錬金術　3
連鎖反応　34

著者略歴

齋藤　一弥（さいとう　かずや）

1959年千葉県に生まれる．大阪大学大学院理学研究科無機および物理化学専攻博士課程修了．東京都立大学助手（理学部），大阪大学助教授（理学部・理学研究科）を経て，2004年筑波大学教授（大学院数理物質科学研究科・数理物質系），現在に至る．専門分野は物性物理化学．理学博士．

現代化学序説

2019年11月25日　第1版1刷発行

検印省略	著作者　齋藤一弥
	発行者　吉野和浩
定価はカバーに表示してあります．	発行所　東京都千代田区四番町8-1 電話　03-3262-9166（代） 郵便番号　102-0081 株式会社　裳華房
	印刷所　中央印刷株式会社
	製本所　牧製本印刷株式会社

一般社団法人
自然科学書協会会員

JCOPY〈出版者著作権管理機構　委託出版物〉
本書の無断複製は著作権法上での例外を除き禁じられています．複製される場合は，そのつど事前に，出版者著作権管理機構（電話03-5244-5088，FAX 03-5244-5089，e-mail: info@jcopy.or.jp）の許諾を得てください．

ISBN 978-4-7853-3517-5

© 齋藤一弥，2019　　Printed in Japan

物理化学入門シリーズ　各A5判，全5巻

物理化学の最も基本的な題材を選び，それらを初学者のために，できるだけ平易に，懇切に，しかも厳密さを失わないように，解説する．

化学結合論

中田宗隆 著　190頁／定価（本体2100円＋税）

物理化学のみならず，無機化学・有機化学等すべての化学分野の基礎知識である化学結合を，量子論の基礎をふまえつつ，包括的かつ系統的に楽しく学べる快著．化学結合の全体像の美しさを知ることによって，化学の真髄にふれることができる．無機化合物・有機化合物の具体的な分子構造も系統的に扱っており，構造化学の教科書としても使える．

【主要目次】1. 原子の構造と性質　2. 原子軌道と電子配置　3. 分子軌道と共有結合　4. 異核二原子分子と電気双極子モーメント　5. 混成軌道と分子の形　6. 配位結合と金属錯体　7. 有機化合物の単結合と異性体　8. π結合と共役二重結合　9. 共有結合と巨大分子　10. イオン結合とイオン結晶　11. 金属結合と金属結晶　12. 水素結合と生体分子　13. 疎水結合と界面活性剤　14. ファンデルワールス結合と分子結晶

化学熱力学

原田義也 著　212頁／定価（本体2200円＋税）

初学者を対象に，化学熱力学の基礎を，原子・分子の概念も援用してわかりやすく丁寧に解説．また，数式の導出過程も省略することなく詳しく記してあるので，式を一歩一歩たどることで，とかくわかりづらい化学熱力学の諸概念を，論理的に正確に理解することができる．

数学が苦手な読者のため，付録として数学および力学の初歩も収録した．

【主要目次】1. 序章　2. 気体　3. 熱力学第1法則　4. 熱化学　5. 熱力学第2法則　6. エントロピー　7. 自由エネルギー　8. 開いた系　9. 化学平衡　10. 相平衡　11. 溶液　12. 電池

量子化学

大野公一 著　264頁／定価（本体2700円＋税）

量子論の誕生から最新の量子化学までを概観し，量子化学の基礎となる考え方や技法を，初学者を対象に丁寧に解説．根本的に重要でありながらあまり説明されてこなかった事項や，応用分野に役立つ事項を含めつつも題材を精選し，量子化学の最重要事項を学べるよう工夫されている．

数学が苦手な読者のため，付録として数学・物理学の初歩も収録した．

【主要目次】1. 量子論の誕生　2. 波動方程式　3. 箱の中の粒子　4. 振動と回転　5. 水素原子　6. 多電子原子　7. 結合力と分子軌道　8. 軌道間相互作用　9. 分子軌道の組み立て　10. 混成軌道と分子構造　11. 配位結合と三中心結合　12. 反応性と安定性　13. 結合の組換えと反応の選択性　14. ポテンシャル表面と化学　付録

反応速度論

真船文隆・廣川　淳 著　236頁／定価（本体2600円＋税）

反応速度論の基礎から反応速度の解析法，固体表面反応，液体反応，光化学反応など，幅広い話題を丁寧に解説した反応速度論の新たなるスタンダード．

付録では発展的内容も扱っており，初学者から大学院生まで，反応速度論を学ぶ礎となる一冊．

【主要目次】1. 反応速度と速度式　2. 素反応と複合反応　3. 定常状態近似とその応用　4. 触媒反応　5. 反応速度の解析法　6. 衝突と反応　7. 固体表面での反応　8. 溶液中の反応　9. 光化学反応

化学のための 数学・物理

河野裕彦 著　288頁／定価（本体3000円＋税）

本書は，背景となる数学・物理を適宜習得しながら，化学（物理化学）の高みに到達できるよう，下記のような構成になっている．

まず第1〜10章では，物理化学を学ぶために必要な数学を，各項目別に解説．第11〜14章では，物理化学の二本柱である「量子化学」と「化学熱力学」の基礎を解説しつつ，それら分野における数学の使い方と問題の解き方を詳述した．

【主要目次】1. 化学数学序論　2. 指数関数，対数関数，三角関数　3. 微分の基礎　4. 積分と反応速度式　5. ベクトル　6. 行列と行列式　7. ニュートン力学の基礎　8. 複素数とその関数　9. 線形常微分方程式の解法　10. フーリエ級数とフーリエ変換－三角関数を使った信号の解析－　11. 量子力学の基礎　12. 水素原子の量子力学　13. 量子化学入門－ヒュッケル分子軌道法を中心に－　14. 化学熱力学

裳華房ホームページ　**https://www.shokabo.co.jp/**